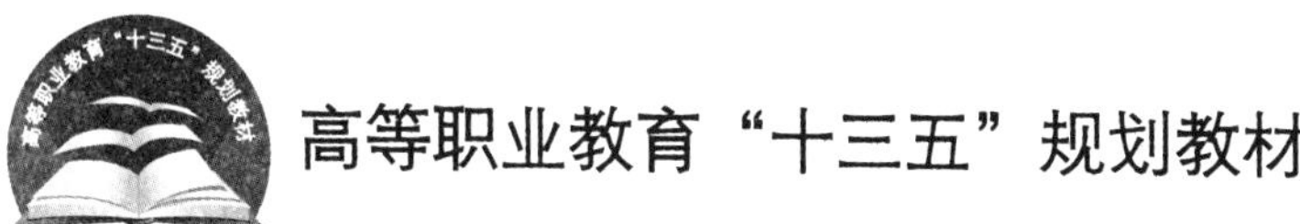

基础数学(下)

主编　周孝康　贺龙友　王　云

北京航空航天大学出版社

内容简介

本套教材是根据《国家中长期教育改革和发展规划纲要(2010—2020年)》精神，按照教育部对职业学校数学大纲的要求，围绕培养高素质技能应用人才的目标，组织长期在一线教学的数学专家及教师根据专业的需求编写而成的。

本套教材分上、下册。本书是下册，共5章，内容分别为立体几何、平面解析几何、复数、排列组合与二项式定理、概率初步。

本书结构合理，详略恰当，形式灵活，配有丰富的例题及习题，基本教学学时为160学时，可作为各类职业学校的教师和学生的教学用书。

图书在版编目(CIP)数据

基础数学. 下 / 周孝康, 贺龙友, 王云主编. -- 北京 : 北京航空航天大学出版社, 2017.7

ISBN 978-7-5124-2416-6

Ⅰ. ①基… Ⅱ. ①周… ②贺… ③王… Ⅲ. ①高等数学-高等职业教育-教材 Ⅳ. ①O13

中国版本图书馆CIP数据核字(2017)第110697号

基础数学(下)

主编 周孝康 贺龙友 王 云

责任编辑 董 瑞 甄 真

*

北京航空航天大学出版社出版发行

北京市海淀区学院路37号(邮编100191) http://www.buaapress.com.cn

发行部电话:(010)82317024 传真:(010)82328026

读者信箱:goodtextbook@126.com 邮购电话:(010)82316936

北京兴华昌盛印刷有限公司印装 各地书店经销

*

开本:787×1 092 1/16 印张:8 字数:205千字

2017年7月第1版 2017年7月第1次印刷 印数:2 000册

ISBN 978-7-5124-2416-6 定价:19.90元

若本书有倒页、脱页、缺页等印装质量问题，请与本社发行部联系调换。联系电话:(010)82317024

前　言

随着我国职业教育的迅速发展，中高职衔接已成为我国职业教育培养高技能人才的重要途径，对职业教育的发展至关重要。

为顺应时代发展要求，构建具有时代特点的现代职业教育体系，全面推进我国中等和专科层次职业教育人才培养的有效衔接，系统培养技术人才，根据教育部对职业学校基础学科教学大纲的要求，编写了本套丛书（共有基础数学、基础英语和基础语文三个学科的教材）。在编写时，严格按照教学大纲对课程教学目标的要求，同时结合在校学生的现状和特点，以其在学习中遇到的困难及存在的问题，对症施治，重点突破，围绕制约中高职有效衔接的主要问题，抓住主要矛盾和关键环节，旨在培养学生良好的学习习惯和行为习惯，提高学生的文化知识水平。

本教材具有以下特点：

1. 体现职业教育“以服务为宗旨，以就业为导向”的教学方针。

2. 遵循“以教会、学会为目的，以必修、够用为准绳”的编写原则。

3. 关注中职学生的认知特点和学习能力，力求做到语言浅显易懂，重点突出，基本概念叙述准确。

4. 注重基本概念和基本方法的教学，提高学生的数学思考能力，培养学生主动学习和创新思维能力。

在编写过程中，作者参考了大量的文献资料，并得到很多老师和出版社工作人员的帮助，在此表示由衷的感谢。

编　者

2017 年 1 月

目　　录

第 1 章　立体几何

1.1　空间几何体

1.1.1　构成空间几何体的基本要素

★ 新知识点

在平面几何里，介绍了平面图形的一些概念、性质及其应用，但在日常生活和生产实际中还会遇到一些几何图形，这些图形上的点不完全在同一个平面内，这样的图形叫空间图形（或立体图形）. 平面图形是由同一平面内的点、线组成的，空间图形是由空间的点、线、面组成的.

本章将在平面几何知识的基础上研究空间图形的一些概念、性质及其应用.

1. 构成空间几何体的基本要素

通过观察我们生活的空间，可以发现：一切物体都占据着空间的一部分. 如果只考虑一个物体占有空间部分的形状和大小，而不考虑其他因素，则这个空间部分叫作一个几何体. 例如，一个长方体形的包装箱，占有的空间部分就是一个几何体，这个几何体叫作长方体.

下面以长方体为例来介绍构成空间几何体的基本要素，以及它们之间的关系.

如图 1-1 所示，长方体由六个矩形围成，围成长方体的各个矩形叫作长方体的面，相邻两个面的公共边叫作长方体的棱，棱与棱的公共点叫作长方体的顶点.

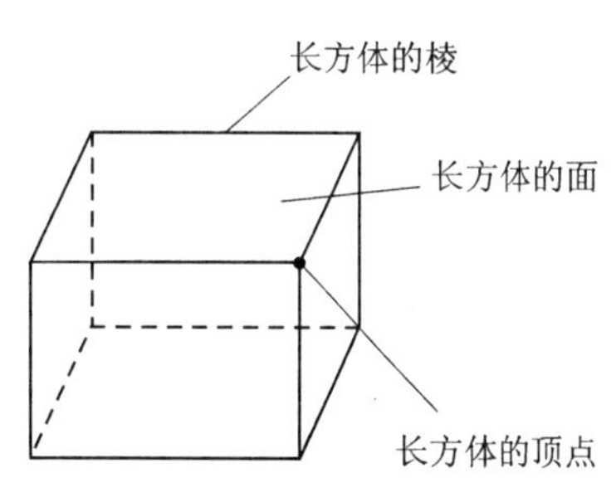

图 1-1

思考：长方体有几个面？几条棱？几个顶点？

观察长方体和各种几何体的构成，我们不难发现：任何一个几何体都是由点、线、面构成的. 所以，点、线、面是构成几何体的基本要素.

2. 点、线、面的特征及表示法

点：只有位置，没有大小，可表示为 $A,B,C\cdots$

线：无粗细，直且无限延伸，可表示为直线 $a,b,c\cdots$ 或直线 $AB,BC,\cdots$

面：处处平直，无厚度，无限延伸，可表示为平面 $\alpha,\beta,\gamma\cdots$ 或平面 $ABCD\cdots$ 或平面 $AC\cdots$

3. 点、线、面之间的关系

一个点移动便构成一条线（直线或曲线），一条线移动便构成一个面（平面或曲面），一个面移动便构成一个几何体，可简称为“点动成线、线动成面、面动成体”.

另外，空间几何体基本要素之间还存在以下几种情况：

（1）相交（两条直线之间、两个平面之间）；

（2）平行（两条直线之间、直线与平面之间、两个平面之间）；

(3) 垂直(两条直线之间、两个平面之间);

(4) 异面直线(两条直线之间).

4. 点、线、面的位置关系

(1) 点与直线的位置关系 $\begin{cases}\text{在直线上}\\\text{在直线外}\end{cases}$;

(2) 直线与直线的位置关系 $\begin{cases}\text{平行}\\\text{相交}\\\text{异面}\end{cases}$;

(3) 直线与平面的位置关系 $\begin{cases}\text{在平面内}\\\text{平行}\\\text{相交(含垂直)}\end{cases}$;

(4) 平面与平面的位置关系 $\begin{cases}\text{平行}\\\text{相交(垂直)}\end{cases}$.

★ 知识巩固

例 1 判断下面说法是否正确?

(1) 桌面是平面; ( )

(2) 一个平面长为 3 m、宽为 2 m; ( )

(3) 如果直线与平面平行,那么,直线与平面没有公共点; ( )

(4) 点的运动轨迹一定是直线; ( )

(5) 用平行四边形表示平面. ( )

解 (1)、(2)、(4)是错误的,(3)、(5)是正确的.

例 2 下列命题中,正确的命题有( ).

A. 墙面是平面

B. 3 个平面重叠起来比 2 个平面重叠起来厚

C. 一个平面的长是 20 cm,宽是 10 cm

D. 平面是平滑的、无厚度的、可以无限延展的

解 正确的命题只有 D.

课堂练习 1.1.1

1. 判断下列说法是否正确?

(1) 直线的平移只能形成平面; ( )

(2) 直线绕定直线旋转形成柱面; ( )

(3) 两相交直线(不垂直)以一条直线为轴旋转形成圆锥面; ( )

(4) 曲线的平移一定形成曲面. ( )

2. 把一个正方体的每个面分别标为 1,2,3,4,5,6,根据图 1-2 中 A,B,C 三种状态所显示的数字可推出"?"处的数字是________.

3. 请给图 1-3 中各图补上适当的虚线,使它们能比较直观地看出来是立体图形.

4. 关于平面,下列说法正确的是( )

A. 平行四边形是一个平面　　B. 平面是有大小的

C. 平面是无限延展的　　　　D. 长方体的一个面是平面

5. 下面图形中,可能不是平面图形的是(　　)

A. 梯形　　B. 菱形　　C. 平行四边形　　D. 四边形

6. 下列命题正确的是(　　)

A. 直线的平移只能形成平面　　　　B. 直线绕定直线旋转一定形成柱面

C. 直线绕定直线旋转可以形成锥面　　D. 曲线的平移一定形成曲面

7. 下列关于平面的说法正确的是(　　)

A. 平行四边形是一个平面　　　　B. 平面是有厚薄的

C. 平面是有边界线的　　　　D. 平面是无限延展的

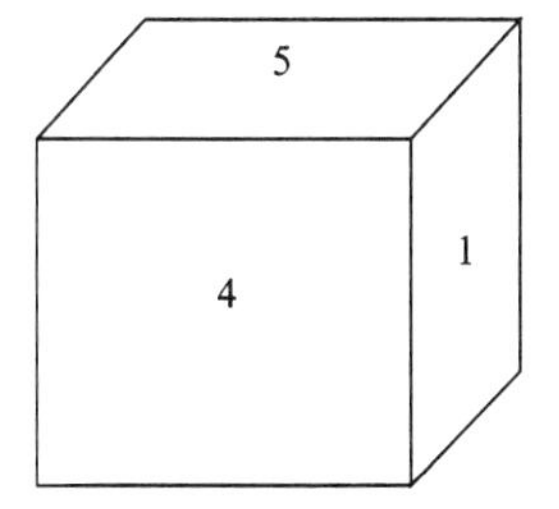

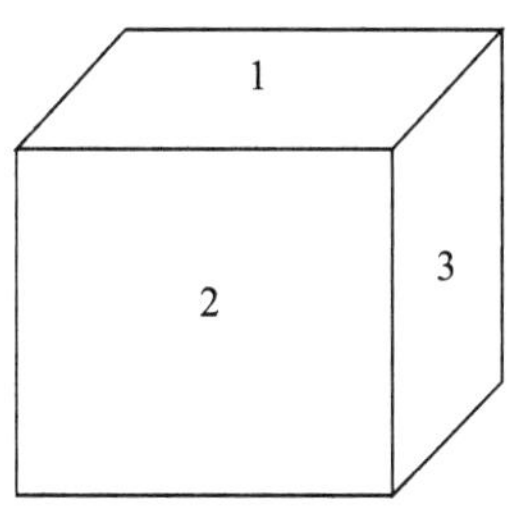

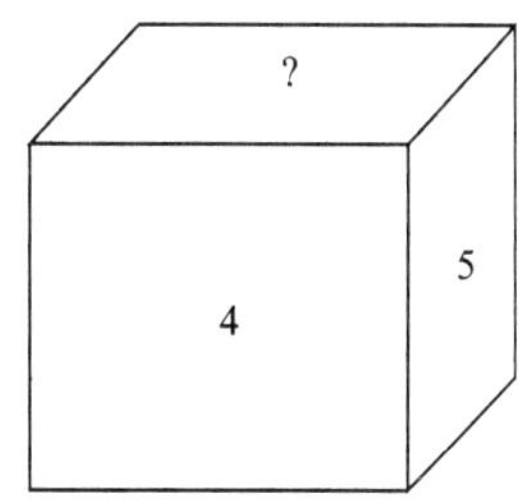

图 1-2

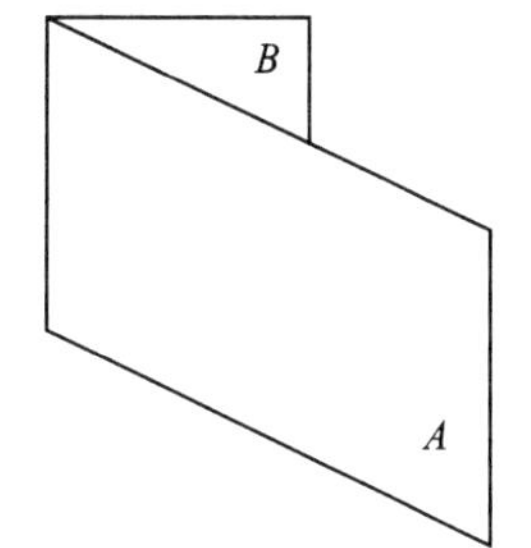

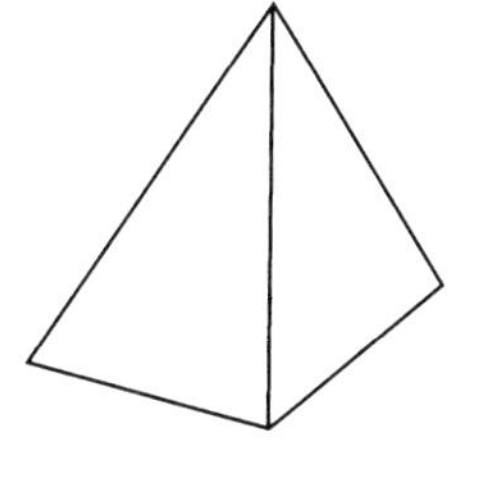
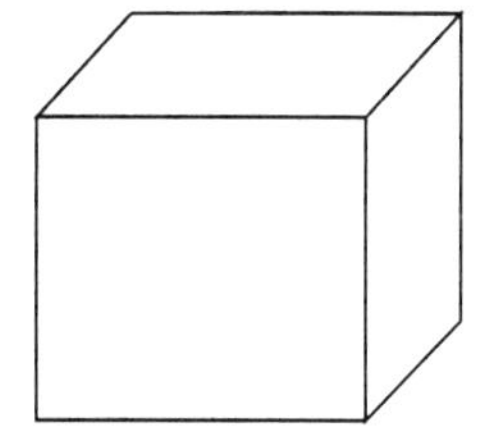
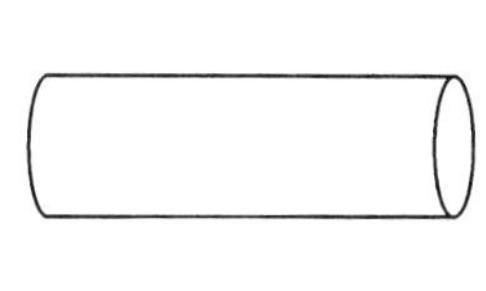

图 1-3

1.1.2　棱柱、棱锥和棱台及其表面积

本节主要介绍棱柱、棱锥和棱台的概念、主要性质及其表面积的计算公式.

★ 新知识点

1. 多面体

由若干个平面多边形所围成的几何体称为多面体. 构成多面体的各个平面多边形称为多面体的面. 一个多面体中,相邻面的公共边称为多面体的棱,棱与棱的交点称为多面体的顶点,联结不在同一面上的两个顶点的线段叫多面体的对角线.

2. 棱　柱

(1) 棱柱的定义:一般地,有两个面互相平行,且不在这两个面的棱都互相平行的多面体称为棱柱.

棱柱中,两个互相平行的面称为棱柱的底面,其余各面称为棱柱的侧面,两底面间的垂直距离称为棱柱的高,两侧面的公共边称为棱柱的侧棱.

侧棱和底面垂直的棱柱称为直棱柱. 底面是正多边形的直棱柱称为正棱柱.

棱柱用底面各顶点的字母表示,如图 1-4 所示的棱柱,记作棱柱 $ABC-A'B'C'$;或用表示一条对角线的端点的字母表示,如棱柱 AB'.

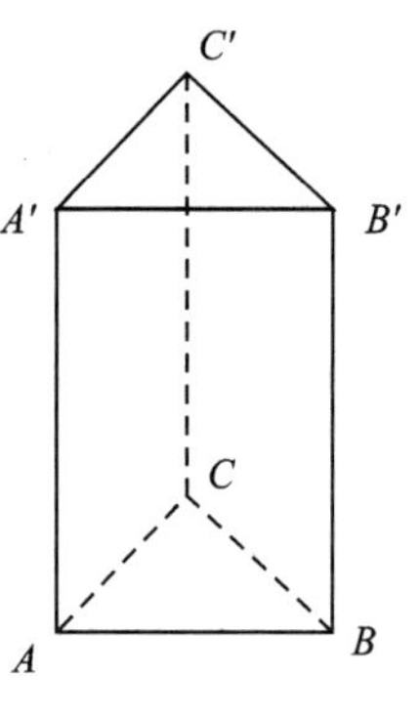

图 1-4

(2) 棱柱的主要性质:

① 棱柱的各个侧面都是平行四边形,所有侧棱都相等. 直棱柱的各个侧面都是矩形,正棱柱的各个侧面都是全等的矩形.

② 棱柱的两个底面与平行于底面的截面是对应边也互相平行的全等多边形,如图 1-5 所示.

③ 过棱柱不相邻的两条侧棱的截面都是平行四边形,如图 1-6 所示.

(3) 棱柱的直截面的定义:垂直于棱柱侧棱(或延长线)的截面称为棱柱的直截面,如图 1-7 所示. 显然,直截面的各边也垂直于侧棱.

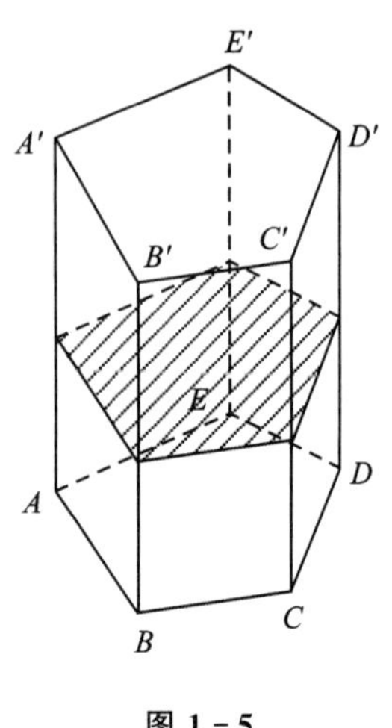

图 1-5

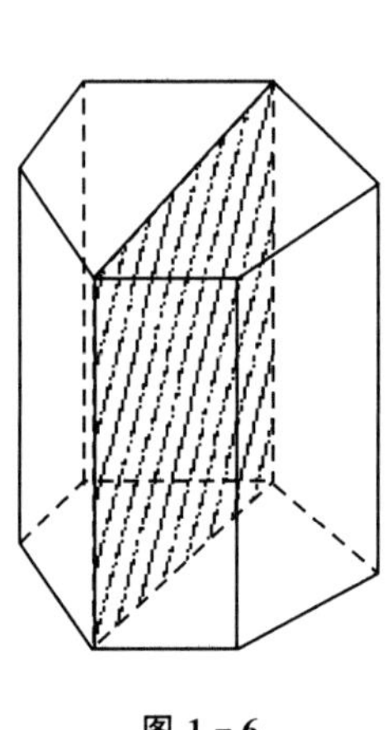
图 1-6

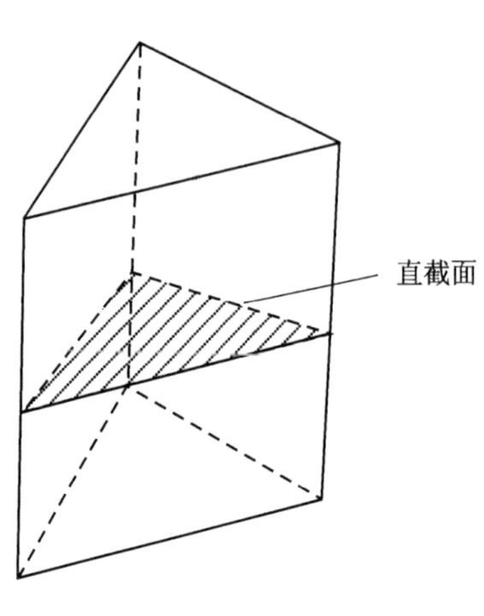

图 1-7

棱柱表面积的计算公式:

$$S_{棱柱表} = S_{侧} + S_{底} = lp + 2S. \quad (1-1)$$

式中,l 为侧棱之长;p 为直截面的周长;S 为底面积.

3. 棱　锥

(1) 棱锥的定义:一般地,有一个多边形的面,且不在这个面上的棱都有一个公共点的多面体称为棱锥.

在棱锥中,多边形的面称为棱锥的底面,有公共顶点的各个三角形称为棱锥的侧面,相邻侧面的公共边称为棱锥的侧棱,各个侧棱的公共点称为棱锥的顶点,顶点到底面的距离称为棱锥的高,如图 1-8 所示.

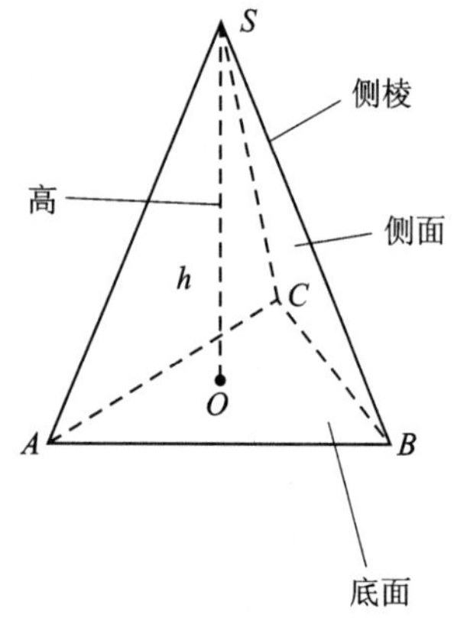

图 1-8

底面是正多边形,侧面是全等的等腰三角形,这样的棱锥称为正棱锥.

棱锥的表示:用顶点字母加上底面字母构成如图 1-8 所示的棱锥 $S-ABC$.

（2）棱锥的主要性质：

① 底面是多边形，各侧面是有一个公共顶点的三角形.

② 平行于底面的截面与底面相似，它们的面积比等于顶点到截面的距离与棱锥高的平方比.

③ 正棱锥的底面是正多边形，顶点在底面内的射影是底面的中心.

④ 正棱锥各侧棱相等，侧面是全等的等腰三角形.

（3）棱锥表面积计算公式：

棱锥的表面积

$$S_{\text{棱锥表}} = S_{\text{侧}} + S_{\text{底}}. \tag{1-2}$$

正棱锥的表面积

$$S_{\text{正棱锥}} = S + \frac{1}{2}ph. \tag{1-3}$$

式中，S 为底面积；h 为侧面斜高；p 为底的周长.

4. 棱　台

（1）棱台的定义：用一个平行截面去截一个棱锥，底面和平行截面之间的部分称为棱台. 这两个平面的面称为棱锥台的底面，原棱锥的底面为下底面，平行截面称为上底面，其余的面称为棱台的侧面. 两个相邻侧面的交线称为棱台的侧棱. 两底面之间的距离称为棱台的高. 经过不在同一侧面内的任意两条侧棱的截面称为棱台的对角截面. 侧面上的高称为侧面的斜高，如图 1－9 所示.

由正棱锥截得的棱台称为正棱台.

提醒：棱台的特征是，两个底面不但平行，而且各个侧棱延长后相交于同一点. 图 1－10 所示的图形不是棱台.

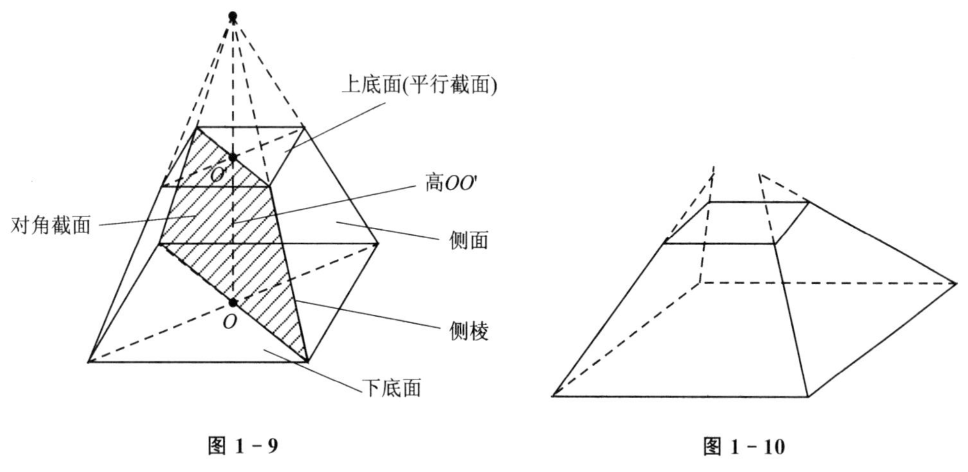

图 1－9　　　　图 1－10

（2）正棱台的主要性质：

① 上底面和下底面是相似的正多边形；

② 各个侧面是全等的等腰梯形、各斜高都相等；

③ 各个侧棱相等；

④ 侧棱和底面所成的角都相等，侧面和底面所成的二面角都相等；

⑤ 两个底面中心的连线垂直于底面,这条连线的长就是正棱台的高.

(3) 棱台的表面积的计算公式:

棱台的表面积

$$S_{棱台表} = S_{上} + S_{下} + S_{侧}. \quad (1-4)$$

正棱台的表面积

$$S_{正棱台} = S_{上} + S_{下} + \frac{1}{2}(p_1 + p_2)h. \quad (1-5)$$

式中,h 为斜高;p_1,p_2 分别为上、下底面的周长.

★ 知识巩固

例 1 如图 1-11 所示,长方体三个面的对角线长分别是 a,b,c,求长方体的全面积.

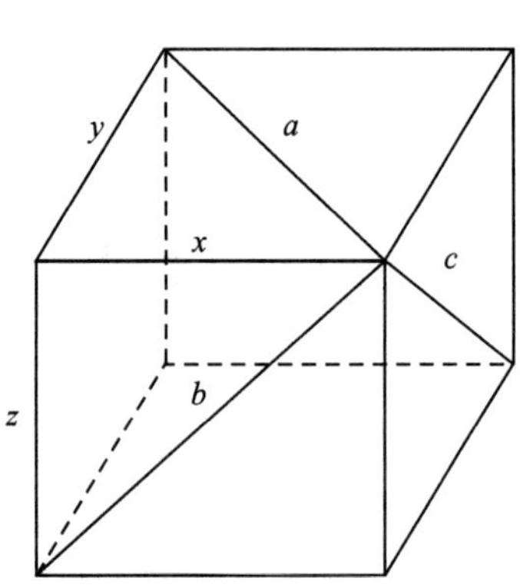

图 1-11

分析:长方体各面的对角线的平方等于各面的两邻边平方和.

解 设长方体的长、宽、高分别为 x,y,z,则

$$x^2 + y^2 = a^2, \quad ①$$

$$x^2 + z^2 = b^2, \quad ②$$

$$y^2 + z^2 = c^2. \quad ③$$

由①+②-③得 $2x^2 = a^2 + b^2 - c^2$,

①+③-②得 $2y^2 = a^2 + c^2 - b^2$,

②+③-①得 $2z^2 = b^2 + c^2 - a^2$.

$$2xy = \sqrt{2x^2 \cdot 2y^2} = \sqrt{a^4 - (b^2 - c^2)^2},$$

$$2yz = \sqrt{2y^2 \cdot 2z^2} = \sqrt{c^4 - (b^2 - a^2)^2},$$

$$2zx = \sqrt{2z^2 \cdot 2x^2} = \sqrt{b^4 - (c^2 - a^2)^2}.$$

$$\therefore \quad S_{全} = 2xy + 2yz + 2xz$$

$$= \sqrt{a^4 - (b^2 - c^2)^2} + \sqrt{c^4 - (b^2 - a^2)^2} + \sqrt{b^4 - (c^2 - a^2)^2}.$$

例 2 已知正三棱锥 $S-ABC$ 的高 $S_0 = 4$ cm,斜高 $SM = 5$ cm. 求经过 SO 的中点 O' 平行于底面的截面 $\triangle A'B'C'$ 的面积,如图 1-12 所示.

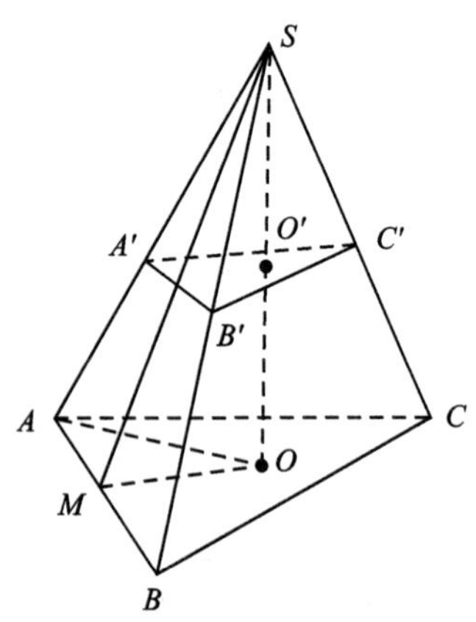

图 1-12

解 联结 OM、OA,在 Rt $\triangle SOM$ 中,$OM = \sqrt{SM^2 - SO^2} = \sqrt{5^2 - 4^2} = \sqrt{3^2} = 3$ (cm).

因为棱锥 $S-ABC$ 是正棱锥,所以点 O 是正三角形 ABC 的中心.

$$AB = 2AM = 2OM\tan 60^\circ = 2\sqrt{3} \cdot 3 = 6\sqrt{3} \text{ (cm)},$$

$$S_{\triangle ABC} = \frac{\sqrt{3}}{4}AB^2 = \frac{\sqrt{3}}{4}(6\sqrt{3})^2 = 27\sqrt{3} \text{ (cm}^2\text{)}.$$

根据棱锥截面的性质,有

$$\frac{S_{\triangle A'B'C'}}{S_{\triangle ABC}} = \frac{h'^2}{h^2} = \frac{1}{4},$$

$\therefore S_{\triangle A'B'C'}=\frac{27\sqrt{3}}{4}(\text{cm}^2)$.

例 3　如图 1 - 13 所示，已知四棱台的上、下底面分别是边长为 4 cm 和8 cm的正方形，侧面是腰长为 8 cm 的等腰梯形，求它的侧面积.

解　过点 B_1 作 $B_1F\perp BC$ 交 BC 于点 F.

在 $\text{Rt}\triangle B_1FB$ 中，

$B_1F=h'$，$BF=\frac{1}{2}(8-4)=2$，$B_1B=8$.

$\therefore B_1F=\sqrt{8^2-2^2}=2\sqrt{15}$.

$\therefore h'=B_1F=2\sqrt{15}$.

$\therefore S_{四棱台侧}=\frac{1}{2}(8+4)\times 4\times 2\sqrt{15}=48\sqrt{15}(\text{cm}^2)$.

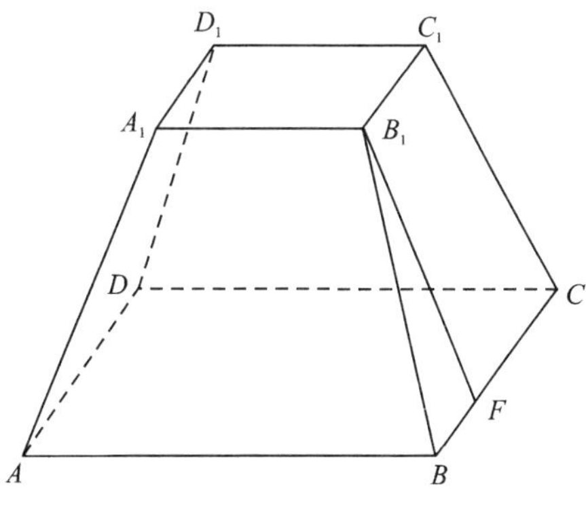

图 1 - 13

课堂练习 1.1.2

1. 侧面都是直角三角形的正三棱锥，底面边长为 a，该三棱锥的全面积是多少？

2. 直三棱柱每两个侧棱间的距离分别是 2 cm、3 cm 和 4 cm，侧面积是 45 cm^2，求侧棱的长.

3. 一个正三棱台，它的侧棱长为 10 cm，两个底面的边长分别为 6 cm 和 18 cm，求侧面积.

4. 选择题

(1) 底面为正方形的直棱柱，它的底面对角线为$\sqrt{2}$ cm，体对角线为$\sqrt{6}$ cm，则这个棱柱的侧面积为(　　)cm^2.

A. 2　　B. 4　　C. 6　　D. 8

(2) 侧面都是直角三角形的正三棱锥，底面边长为 4 cm，则该三棱椎的表面积是(　　)cm^2.

A. $4(3+\sqrt{3})$　　B. 12　　C. $8\sqrt{6}$　　D. $\frac{16}{3}\sqrt{3}$

(3) 已知正三棱台的上底面边长为 2 cm，下底面边长为 4 cm，高为$\frac{\sqrt{15}}{3}$ cm，则正三棱台的侧面积 S_1 与底面面积之和 S_2 的大小关系为(　　).

A. $S_1>S_2$　　B. $S_1<S_2$　　C. $S_1=S_2$　　D. 以上都不是

(4) 长方体的全面积为 11 cm^2，12 条棱的长度之和为 24 cm，则这个长方体的一条对角线长为(　　)cm.

A. $2\sqrt{3}$　　B. $\sqrt{14}$　　C. 5　　D. 6

1.1.3　圆柱、圆锥、圆台和球及其表面积

★ 新知识点

圆柱、圆锥、圆台和球是常见的基本旋转体. 所谓旋转体，就是一个平面图形绕着与它在同一平面内的一条直线旋转一周所成的几何图形，这条定直线称为旋转体的轴.

图 1-14 所示的旋转体是由平面图形 OO_1AB 绕着轴 OO_1 旋转一周而成的.

下列介绍几种特殊的旋转体.

1. 圆　柱

(1) 圆柱的定义:一个矩形,绕着它的一边旋转一周而得到的几何体称为圆柱,如图 1-15 所示. 被绕着旋转的一边称为轴,其对边称为母线,由母线旋转所成的曲面称为侧面,由矩形其他两边旋转所成的面称为底面,两底面的距离称为高.

圆柱一般可用两个底面圆心的字母表示. 例如,圆柱 OO_1.

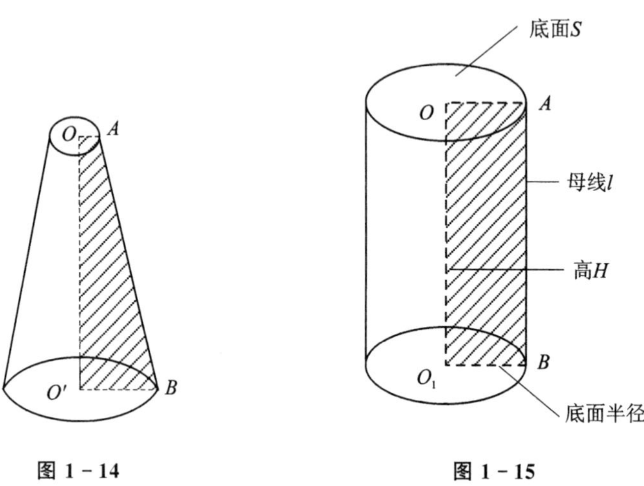

图 1-14　　　图 1-15

(2) 圆柱的主要性质:

① 两个底面是互相平行且相等的圆;

② 平行于底面的截面是与底面相等的圆;

③ 过轴的截面为矩形,与侧面的交线即为母线,母线平行且相等;

④ 圆柱的侧面展开图是一个矩形,它的一条边是圆柱的高,另一条边是圆柱底面的周长,如图 1-16 所示.

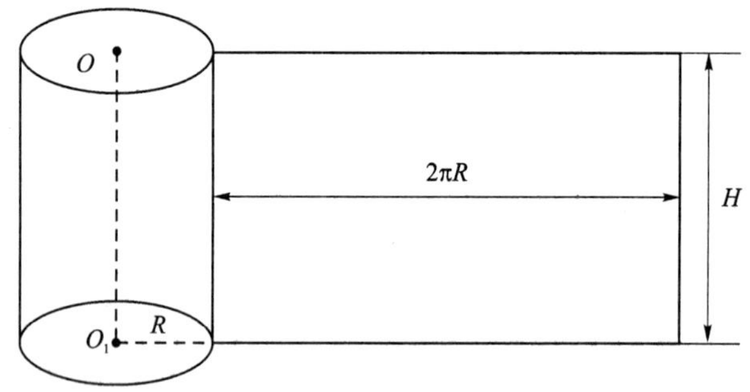

图 1-16

(3) 圆柱的表面积:

$$S_{圆柱表} = S_{底} + S_{侧} = 2\pi R^2 + 2\pi RH = 2\pi R(R + H). \qquad (1-6)$$

2. 圆　锥

(1) 圆锥的定义:一个直角三角形绕着它的一条直角边旋转一周而得到的几何体称为圆锥,被绕着旋转的一边称为轴,斜边称为母线,由母线旋转所成的曲面称为侧面,由直角三角形另一直角边旋转所成的面称为底面，从顶点到底面的距离称为高，如图1-17所示.

（2）圆锥的主要性质：

① 底面是一个圆；

② 圆锥的平行截面是圆（平行于圆锥底面的截面）；

③ 轴过底面中心，且垂直于底面，轴长等于高；

④ 轴截面为等腰三角形，与侧面的交线即为母线；

⑤ 各条母线与轴所成的角相等；

⑥ 各条母线与底面所成的角相等；

⑦ 圆锥的侧面展开图是一个扇形，它的半径等于圆锥的母线 l，弧长等于圆锥底面的周长 $2\pi R$，中心角 $\alpha=\dfrac{2\pi R}{l}$，如图1-18所示.

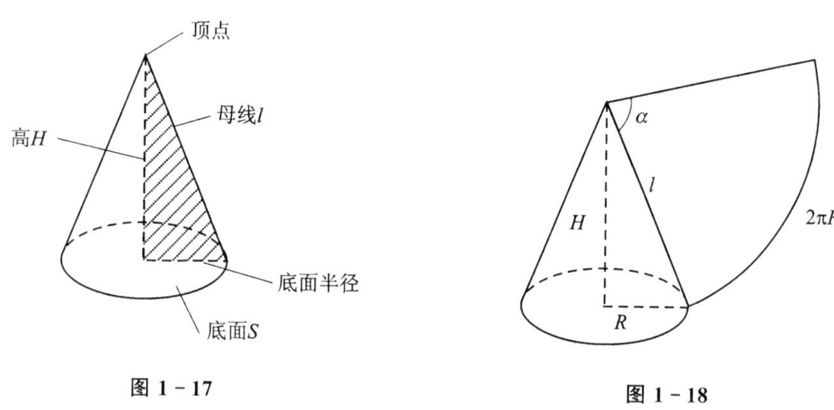

图1-17　　　　图1-18

（3）圆锥的表面积计算公式：

$$S_{圆锥表}=\pi R^2+\pi Rl. \tag{1-7}$$

式中，R 为底面半径；l 为母线长. $\left(扇形面积\ S=\dfrac{1}{2}l\cdot r\right)$

3. 圆　台

（1）圆台的定义：以直角梯形垂直底边的腰所在的直线为旋转轴，其余三边旋转一周而成的曲面所围成的几何体称为圆台. 图1-19所示是直角梯形 $OBB'O'$ 以垂直底边的腰 OO' 所在的直线为旋转轴旋转而成的圆台 OO'，旋转轴 OO' 称为圆台的轴，底 $O'B'$，OB 旋转而成的图形称为圆台的底面，两个底面之间的距离称为圆台的高，另一腰 BB' 旋转而成的曲面称为圆台的侧面. 无论转到什么位置，腰 BB' 称为圆台的母线.

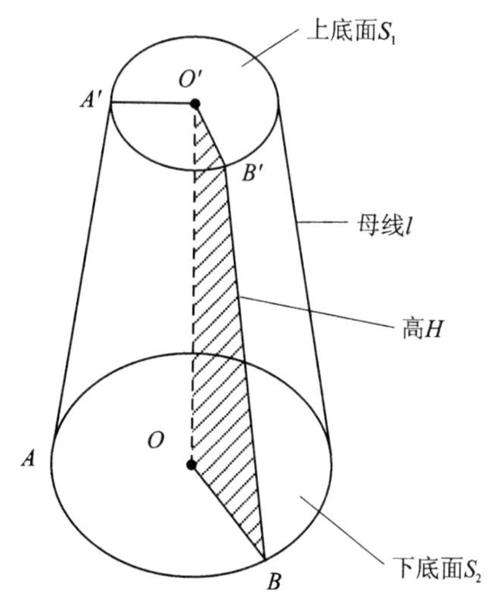

图1-19

（2）圆台的主要性质：

① 两底面为圆，且互相平行；

② 平行于底面的截面为圆；

③ 轴截面为等腰梯形，与侧面的交线即为母线；

④ 各条母线都相等，且它的延长线相交于一点；

⑤ 各条母线与底面所成的角相等；

⑥ 轴经过两个底面的中心，且垂直于底面，轴长等于圆台的高；

⑦ 圆台的侧面展开图是一个扇环，如图 1-20 所示.

(3) 圆台的表面积：

$$S_{圆台表}=S_{侧}+S_{底}=\pi R^2+\pi r^2+\pi(R+r)l. \qquad (1-8)$$

式中，r 为上底面半径；R 为下底面半径；l 为母线长.

4. 球

(1) 球的定义：一个半圆绕直径旋转一周所围成的几何体称为球(见图 1-21)，所围成的曲面称为球面，半圆的圆心称为球心，联结球心和球面上一点的线段，称为球的半径，联结球面上两点且过球心的线段称为球的直径.

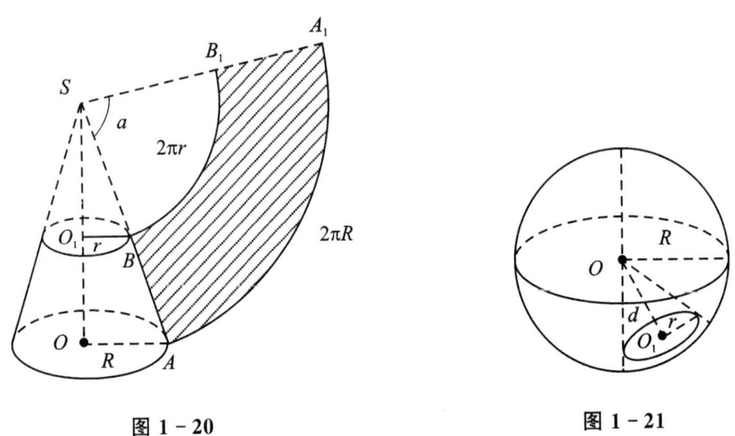

图 1-20　　图 1-21

(2) 球的主要性质：

① 球被任意平面所截得的截面是一个圆，过球心的截面叫作球的大圆，不过球心的截面叫作球的小圆. 球心和截面圆心的连线垂直于截面；

② 球心到截面的距离为 d，截面的圆的半径为 r，球的半径为 R，有如下关系：$r=\sqrt{R^2-d^2}$；

③ 和球心距离相等的截面截得的圆相等.

(3) 球的表面积公式：

$$S_{球表}=4\pi R^2. \qquad (1-9)$$

式中，R 为球的半径.

★ 知识巩固

例 1　若母线长为 4 cm 的圆锥的轴截面的面积为 8 cm，求圆锥的侧面积为多少？

解　设轴截面为$\triangle SAB$，则 $SA=SB=4$ cm.

由 $S_{\triangle SAB}=8=\frac{1}{2}SA\cdot SB\sin\angle SBA$，得 $\sin\angle ASB=1$.

$\therefore\angle ASB=90^\circ, AB=\sqrt{2}, SA=4\sqrt{2}$.

$\therefore S_{侧}=\pi\cdot r\cdot l=\pi\left(\dfrac{AB}{2}\right)SA=\pi\cdot 2\sqrt{2}\cdot 4=8\sqrt{2}\pi(\text{cm}^2)$.

例 2　长方体一个顶点上三条棱的长度分别为 3,4,5 cm,且它的 8 个顶点都在同一个球面上,则这个球的表面积为多少?

解　设长方体的对角线为 l,球半径为 R.

由已知及对称性可知:$l=2R$.

由 $l=\sqrt{3^2+4^2+5^2}=5\sqrt{2}$,可得 $R=\dfrac{5\sqrt{2}}{2}(\text{cm})$.

$\therefore$ $S_{球}=4\pi R^2=50\pi(\text{cm}^2)$.

例 3　已知棱长为 a,底面为正方形,各侧面均为等边三角形的四棱锥 $S-ABCD$,求它的表面积.

解　四棱锥的底面积为 a^2,每个侧面都是边长为 a 的正三角形,所以棱锥的侧面积为

$$S_{侧}=4\times\frac{1}{2}\times a\times\frac{\sqrt{3}}{2}a=\sqrt{3}a^2.$$

所以,这个四棱锥的表面积为

$$S=a^2+\sqrt{3}a^2=(1+\sqrt{3})a^2.$$

例 4　以正三角形的一边 a 为轴旋转一周,求所得旋转体的全面积和体积.

解　如图 1－22 所示,所得旋转体为两个相等的圆锥,其底半径 $R=OB=\dfrac{\sqrt{3}}{2}a$,高 $H=AO=\dfrac{a}{2}$,母线 $l=AB=a$,则

$$S_{全}=2\cdot\pi\cdot\frac{\sqrt{3}}{2}a\cdot a=\sqrt{3}\pi a^2,$$

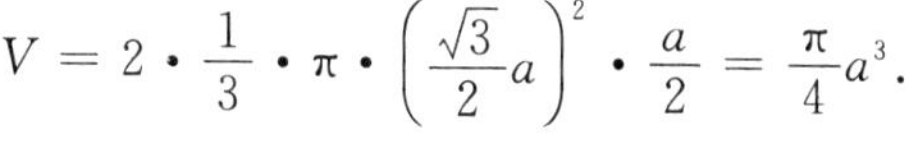

$$V=2\cdot\frac{1}{3}\cdot\pi\cdot\left(\frac{\sqrt{3}}{2}a\right)^2\cdot\frac{a}{2}=\frac{\pi}{4}a^3.$$

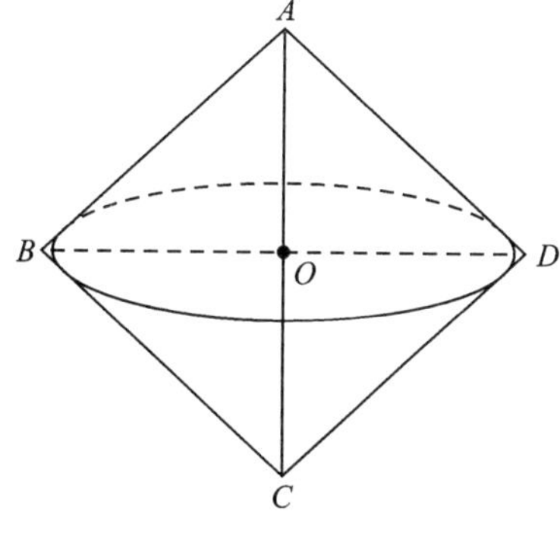

图 1－22

课堂练习 1.1.3

1. 用一个平行于圆锥底面的平面截这个圆锥,截得圆台上、下底面半径的比是 1∶4,截去的圆锥的母线是 3 cm,求圆台的母线长.

2. 一个长方体全面积是 20 cm^2,所有棱长的和是 24 cm^2,求长方体的对角线长.

3. 如果圆台的上底面半径为 5 cm,下底面半径为 R,中截面把圆台分为上、下两个圆台,它们的侧面积之比为 1∶2,那么 R 为多少?

4. 已知球的一个小圆的面积为 π,球心到小圆所在平面的距离为 $\sqrt{2}$,则这个球的表面积为多少?

5. 已知球的球面积为 64π,则此球的体积为多少?

6. 一空心铁球的壁厚为 3 cm,球壁体积为 876π cm^3,求此球的内半径为多少?

7. 已知正四棱台的斜高是 12 cm,侧棱的长是 13 cm,侧面积是 720 cm^2,求它的上、下底面的边长.

8. 经过高为 10 cm 的圆锥的顶点作一个与底面成 $45°$ 的二面角的截面,这截面把底面圆周截去$\frac{1}{4}$,求这个截面的面积.

9. 如图 1-23 所示,三棱柱 $ABC-A'B'C'$ 的所有棱长均为 a,$\angle A'AB=\angle A'AC=60°$,求其全面积.

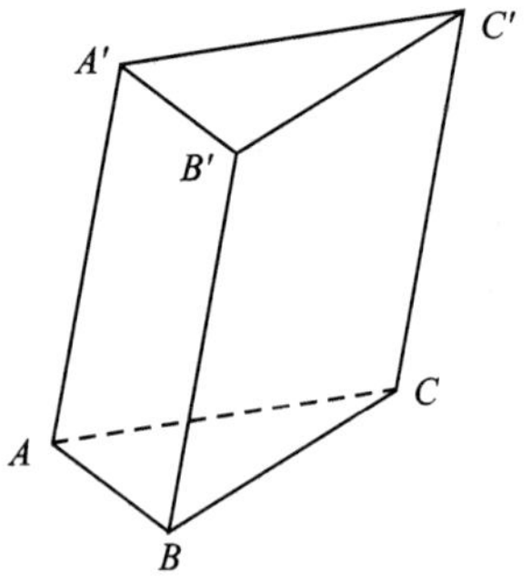

图 1-23

1.1.4 柱、锥、台和球的体积

★ 新知识点

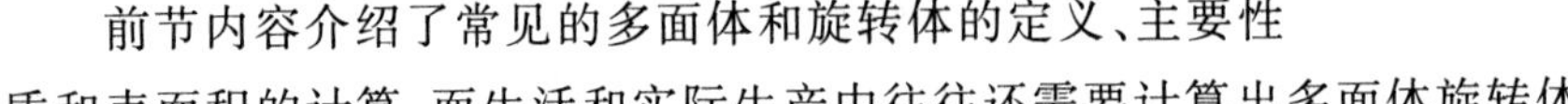

前节内容介绍了常见的多面体和旋转体的定义、主要性质和表面积的计算,而生活和实际生产中往往还需要计算出多面体旋转体的体积.

下面介绍柱、锥、台和球的体积.(推导过程略)

1. 柱 体

(1) 棱柱的体积:

$$V_{\text{棱柱}}=S\cdot H. \tag{1-10}$$

式中,S 为棱柱底面积;H 为棱柱的高.

(2) 圆柱的体积:

$$V_{\text{圆柱}}=\pi R^2\cdot H. \tag{1-11}$$

式中,R 为圆柱底面半径;H 为圆柱的高.

2. 锥体的体积

(1) 正棱锥的体积:

$$V_{\text{正棱锥}}=\frac{1}{3}\cdot S\cdot H. \tag{1-12}$$

式中,S 为棱锥底面积;H 为棱锥的高.

(2) 圆锥的体积:

$$V_{\text{圆锥}}=\frac{1}{3}\pi R^2\cdot H. \tag{1-13}$$

式中,R 为圆锥的底面半径;H 为圆锥的高.

3. 台体的体积

(1) 正棱台的体积:

$$V_{\text{正棱台}}=\frac{1}{3}(S_1+S_2+\sqrt{S_1S_2})H. \tag{1-14}$$

式中,S_1,S_2 分别为正棱台的上、下底面面积;H 为正棱台的高.

(2) 圆台的体积:

$$V_{\text{圆台}}=\frac{1}{3}\pi H(R_1^2+R_2^2+R_1R_2). \tag{1-15}$$

式中,R_1,R_2 分别为圆台的上下底面半径;H 为圆台的高.

4. 球体的体积

$$V_{\text{球}}=\frac{4}{3}\pi R^3. \tag{1-16}$$

式中，R 为球的半径.

★ **知识巩固**

例 1　如图 1－24 所示，从一个正方体中，截去四个棱锥得到一个正三棱锥 $ABCD$，问正三棱锥的体积是正方体体积的几分之几？

解　截去的四个三棱锥的体积相等，其中任意一个三棱锥都是底面为直角三角形，且直角边长与这个三棱锥的高相等，都等于正方体棱长，如图 1－24 所示.

设正方体的棱长为 a，则截去的一个三棱锥的体积为 $\frac{1}{3}\times\frac{1}{2}\times a\times a\times a=\frac{1}{6}a^3$，因此，所求体积为 $\dfrac{a^3-4\times\frac{1}{6}a^3}{a^3}=\frac{1}{3}$.

例 2　求各条棱长都为 2 的正四棱锥的体积为多少？

解　如图 1－25 所示，设 V_{S-ABCD} 是正四棱锥，且棱长都是 2，则有

$$SA=2,\quad AO=\sqrt{2},$$
$$SO=\sqrt{SA^2-AO^2}=\sqrt{2}.$$

从而，

$$V_{S-ABCD}=\frac{1}{3}\cdot 2^2\cdot\sqrt{2}=\frac{4}{3}\sqrt{2}.$$

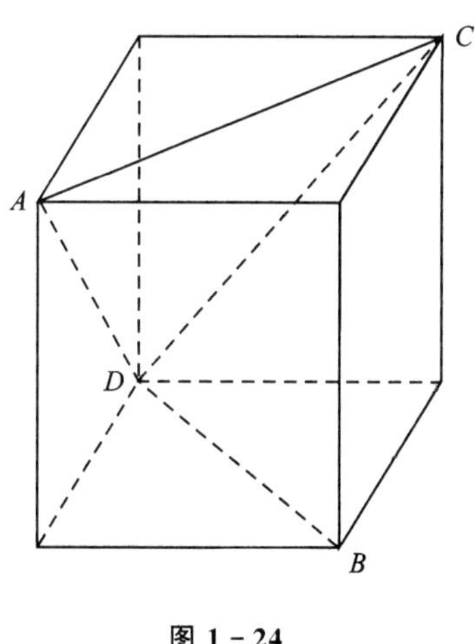

图 1－24

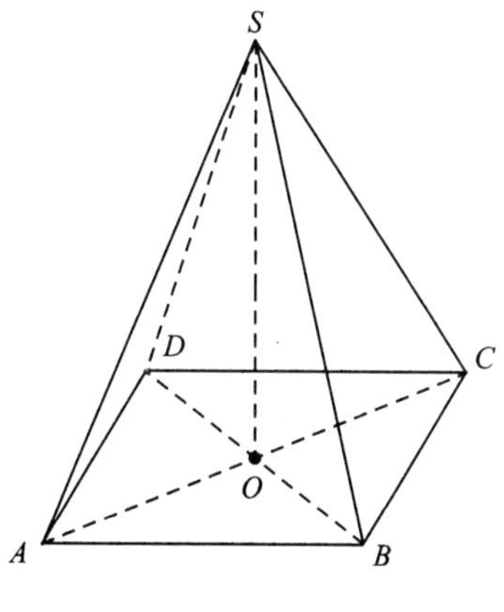

图 1－25

例 3　设圆锥底面圆周上的两点 AB 间的距离为 2 cm，圆锥顶点到直线 AB 的距离为 $\sqrt{3}$ cm，AB 和圆锥的轴的距离为 1 cm，求圆锥的体积.

解　如图 1－26 所示，O 为底面的圆心，$OC\perp AB$ 于 C.

由 $OA=OB$ 得 C 为 AB 中点.

由 $SA=SB$ 和 C 为 AB 中点得 $SC\perp AB$ 于 C.

$\therefore OC=1, SC=\sqrt{3}, AC=CB=1.$

$SO=\sqrt{SC^2-OC^2}=\sqrt{(\sqrt{3})^2-1^2}=\sqrt{2}.$

$OB=\sqrt{OC^2+BC^2}=\sqrt{2}.$

$\therefore V=\frac{1}{3}\pi \cdot OB^2 \cdot SO=\frac{1}{3}\pi(\sqrt{2})^3=\frac{2\sqrt{2}}{3}\pi(\mathrm{cm}^3).$

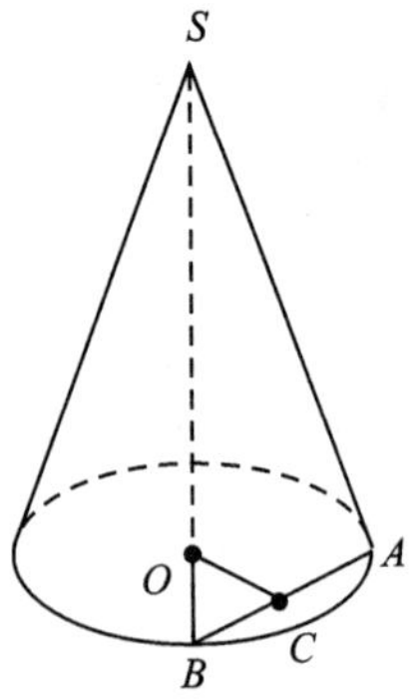

图 1－26

例 4　把长、宽分别为 4 cm、2 cm 的矩形卷成一个圆柱的侧面，求这个圆柱的体积?

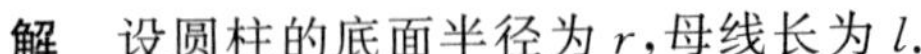

解　设圆柱的底面半径为 r，母线长为 l.

当 $2\pi r=4, l=2$ 时(见图 1－27)，$r=\frac{2}{\pi}, h=l=2.$

$\therefore V_{圆柱}=\pi r^2 \cdot h=\frac{8}{\pi}(\mathrm{cm}^3).$

当 $2\pi r=2, l=4$ 时，(见图 1－28)，$r=\frac{1}{\pi}, h=l=4.$

$\therefore V_{圆柱}=\pi r^2 \cdot h=\frac{4}{\pi}(\mathrm{cm}^3).$

综上所述，这个圆柱的体积为 $\frac{8}{\pi}(\mathrm{cm}^3)$ 或 $\frac{4}{\pi}(\mathrm{cm}^3)$.

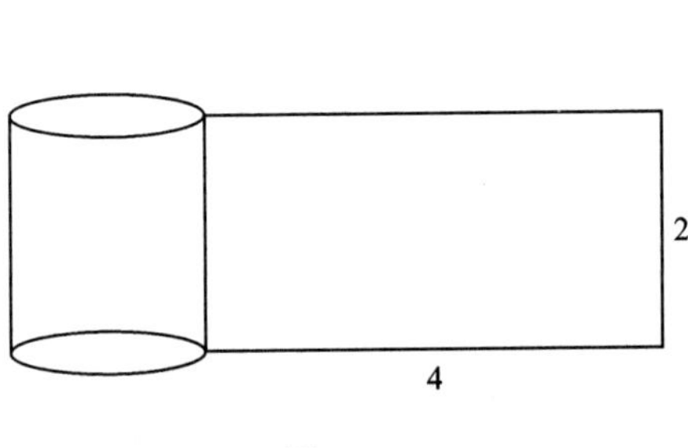

图 1－27

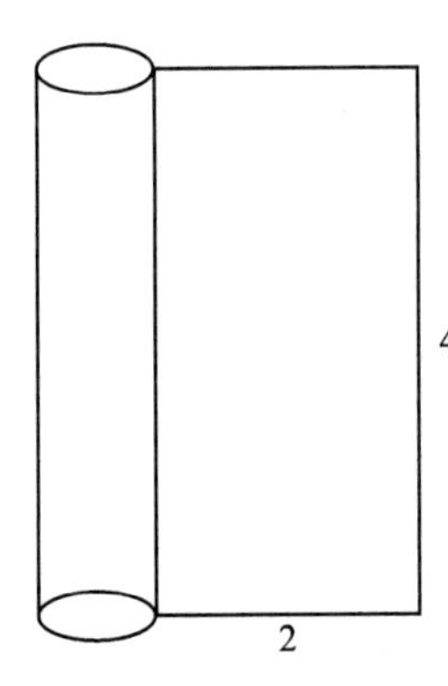

图 1－28

课堂练习 1.1.4

1. 如图 1－29 所示的三棱锥 $P-ABC$ 的三条侧棱两两垂直且 $PB=1$ cm，$PA=\sqrt{3}$ cm，$PC=\sqrt{6}$ cm，求其体积.

2. 球的半径为 R，则球的表面积为________，球的体积为________.

3. 棱长为 a 的正方体的体积为________，长、宽、高分别为 a, b, c 的长方体的体积为________.

4. 底面积为 S、高为 h 的柱体体积为________，底面半径为 r、高为 h 的圆柱的体积为________.

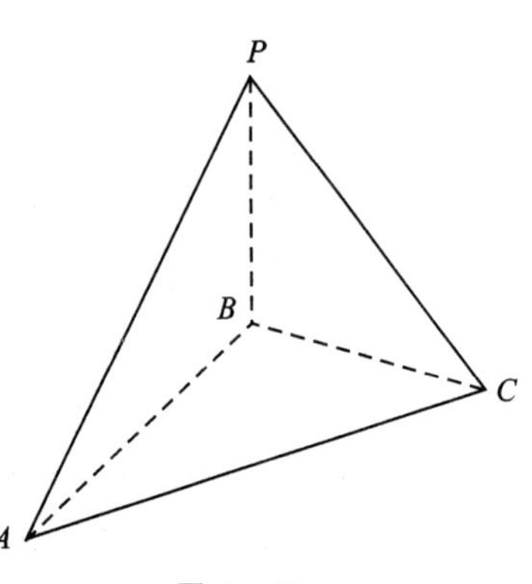

图 1－29

5. 正方体的全面积为 a^2，则它的体积为________.

6. 长方体的长、宽分别为 4，3 cm，体积为 24 cm^3，则它的最小的一个面的面积为________.

7. 十棱柱的底面积为 $\sqrt{3}$ cm、高为 $2\sqrt{3}$ cm，则其体积为________.

8. 已知圆锥 SO 的底面半径 $r=2$ cm，高为 4 cm，则其体积等于________.

9. 棱台的上下底面面积分别是 2，4 cm，高为 3 cm，则棱台的体积为________.

10. 圆台 OO' 的上、下底面半径分别为 1，2 cm，高为 6 cm，则其体积为________.

11. 若一个圆锥的侧面展开图是面积为 2π 的半圆面，则该圆锥的体积为多少？

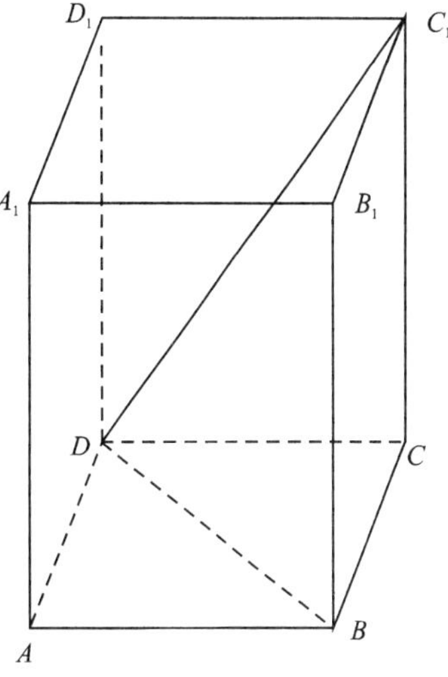

图 1－30

12. 如图 1－30 所示，棱长为 2 的正方体 $ABCD-A_1B_1C_1D_1$ 中截去三棱锥 C_1-BCD 后剩余部分的几何体的体积为多少？

1.2　点、线、面之间的位置关系

1.2.1　平面的基本性质

★ 新知识点

1. 平面及其表示法

几何里的平面和直线一样，是无限延伸的. 常见的桌面、黑板面、平静的水面仅仅是平面的一部分.

当从适当的角度观察桌面或黑板面时，感觉它们都像平行四边形. 因此，我们通常用平行四边形来表示平面，并用希腊字母 $\alpha,\beta,\gamma\cdots$（或大写字母 $M,N\cdots$）写在平行四边形某一顶角的内部来表示，如图 1－31 所示. 有时，也用平行四边形的四个顶点或一条对角线顶点的大写字母来表示一个平面. 如图 1－32 所示的平面，可表示为平面 $ABCD$ 或平面 AC.

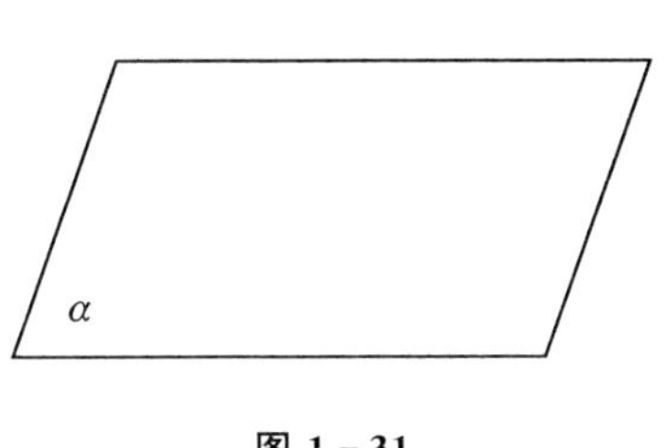

图 1－31

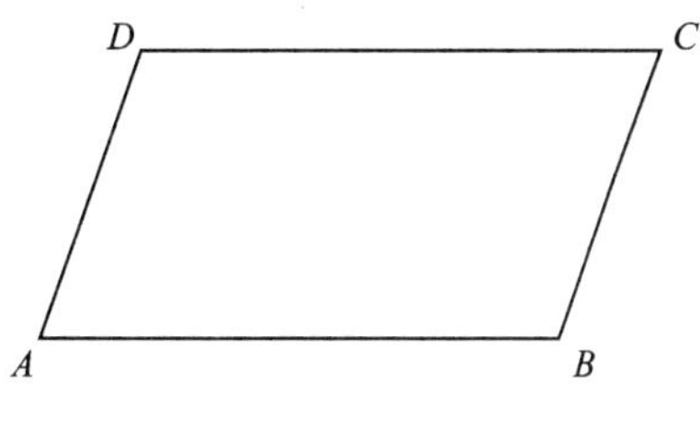

图 1－32

如果一个平面的某部分被另一个平面遮住时，被遮住部分的线段要画成虚线（或不画），如图 1－33 所示，这样看起来立体感就强一些.

2. 平面的基本性质

平面有三个基本性质,可以作为公理(即不需要证明),它们是研究空间直线、平面位置关系的理论基础.

公理 1 如果一条直线上的两点在一个平面内,则这条直线上所有的点都在这个平面内,如图 1-34 所示.

利用这个性质,可以判断一条直线是否在一个平面内.

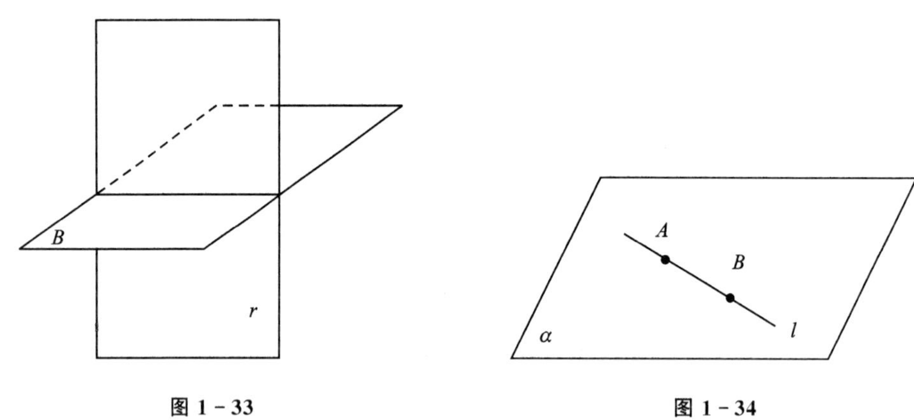

图 1-33　　图 1-34

公理 2 如果两个平面有一个公共点,那么它们相交于经过这点的一条直线,如图 1-35 所示.

这个性质是判断两个平面是否相交的根据. 只要两个平面有一个公共点,就可以判定它们一定相交于过这点的一条直线. 也可以利用这个公理,判定某点是否在相交平面的交线上.

公理 3 经过不在同一直线上的三点,有且仅有一个平面,如图 1-36 所示.

例如,测量仪器和照相机的支承架采用三角架就是利用了这个公理.

公理 3 也可简述为:不共线的三点确定一个平面. 根据上述公理,可以得出下面的推论.

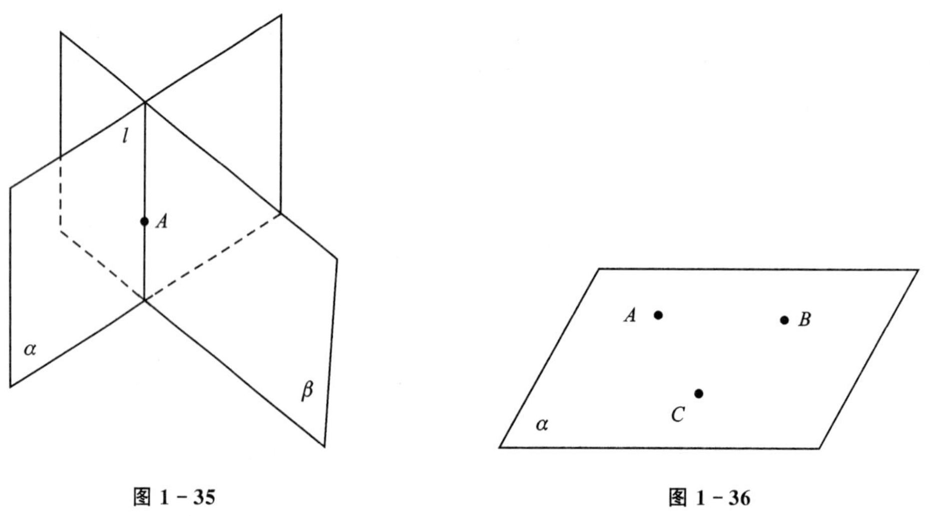

图 1-35　　图 1-36

推论 1 经过一条直线和直线外的一点,有且仅有一个平面(见图 1-37).

推论 2 过两条相交直线有且仅有一个平面(见图 1-38).

推论 3　过两条平行直线有且仅有一个平面(见图 1－39).

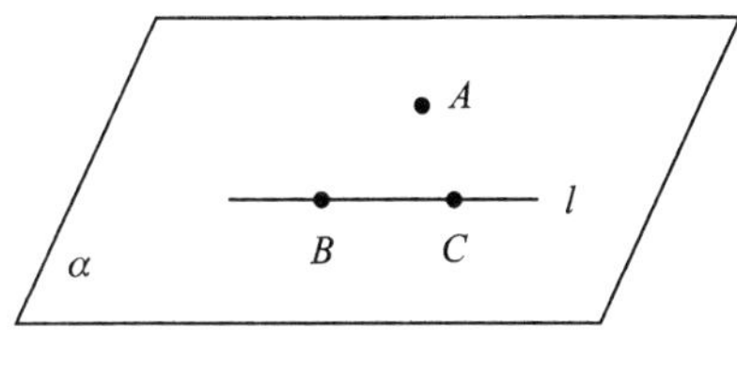

图 1－37

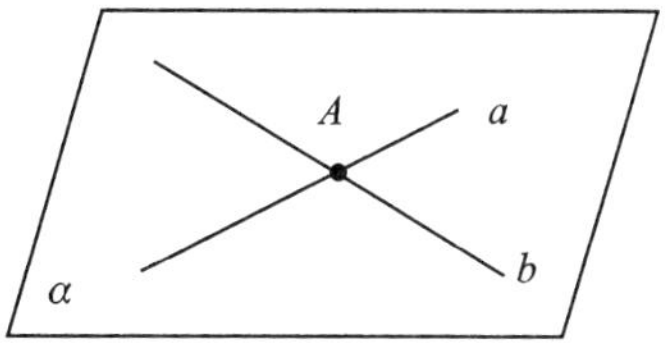

图 1－38

下面证明推论 1:

如图 1－37 所示,A 是直线 l 外的一点,在直线 l 上任取不同的两点 B 和 C,经过这三点有且仅有一个平面 α,因此,经过直线 l 和直线外的一点 A 有且仅有一个平面. 按照同样的方法,可以证明推论 2 和推论 3.

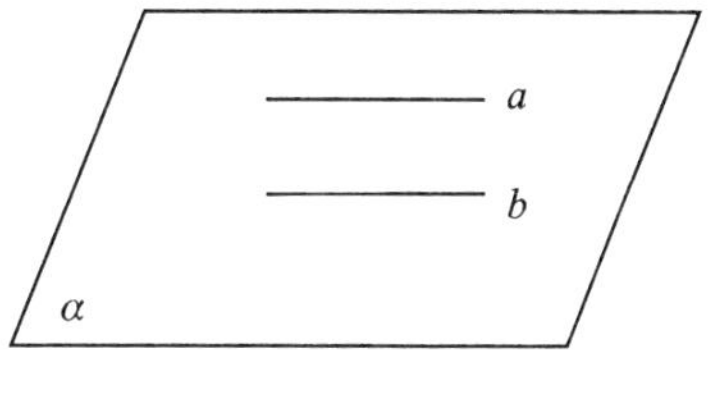

图 1－39

3. 平面图形直观图的画法

在水平平面内画“矩形”不是画它的真实形状,而是画成平行四边形,这个平行四边形通常称为矩形的直观图. 一般地,我们把平面图形(或空间图形)在水平平面内所画成的图形称为该图形的直观图 (直观图的画法见例 2).

★ 知识巩固

例 1　证明两两相交且不过同一点的三条直线共面(即在同一个平面内).

已知:如图 1－40 所示,AB,BC,CA 为三条直线,且 $AB\cap BC=B$,$AB\cap CA=A$,$AC\cap BC=C$.

求证:直线 AB,BC,CA 共面.

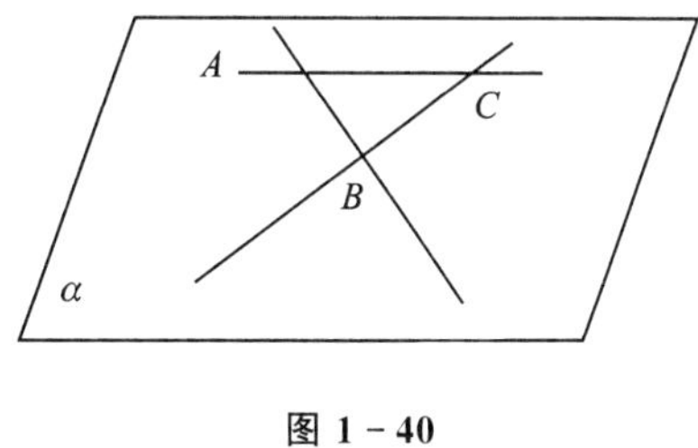

图 1－40

证明　由题设 $AB\cap AC=A$,由推论 2,AB 和 AC 可以确定一个平面 α. 又由 $B\in AB$ 知 $B\in\alpha$,由 $C\in AC$ 知 $C\in\alpha$,由公理 1 知 $BC\subset\alpha$,因此,直线 AB,BC,CA 都在平面 α 内,即它们共面.

例 2　在水平平面 α 内,作出已知正方形 $ABCD$ 的直观图.

画法:(1) 在平面 α 内,画水平线段 A_1B_1,使 $A_1B_1=AB$.

(2) 作 $\angle B_1A_1D_1=45°$,并且取 $A_1D_1=\frac{1}{2}AD$.

(3) 作 $D_1C_1 /\!/ A_1B_1$,并且取 $D_1C_1=A_1B_1$.

(4) 连接 B_1C_1,则 $\square A_1B_1C_1D_1$ 就是正方形 $ABCD$ 的直观图,如图 1－41 所示.

在水平平面内画直观图时,应注意以下 3 点.

提醒:(1) 选择已知图形的水平方向线段(或作辅助的水平线段).

(2) 水平方向的线段仍画成水平方向,其长度不变.

(3) 与水平方向垂直的线段画成与水平方向成 45°(或 135°)的线段,其长度为实长的一半.

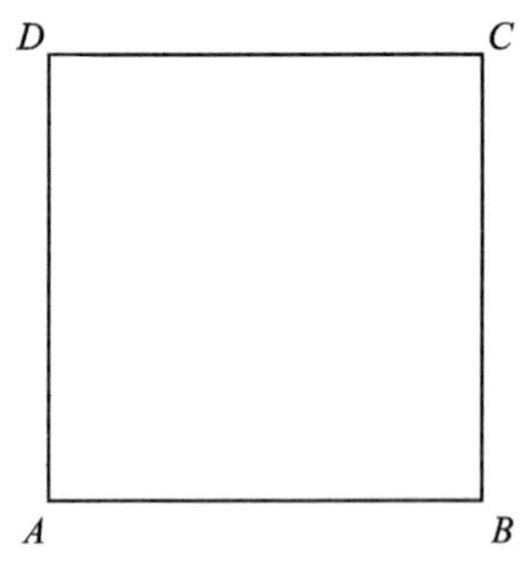

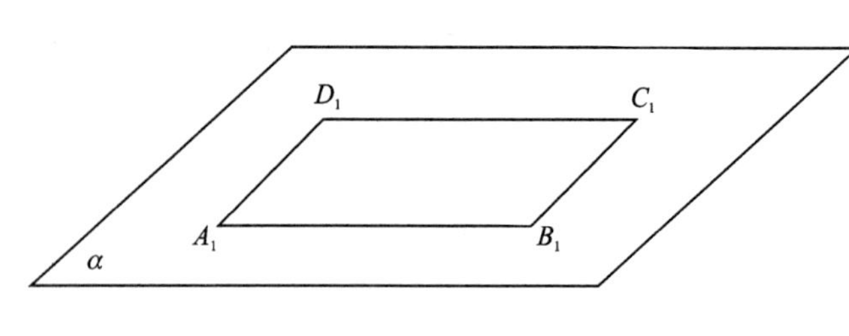

图 1－41

例 3　填空题

(1) 经过同一直线上的 3 个点的平面有________个.

(2) 相交于一点的 3 条直线共同确定________个平面.

解　(1) 有无数个.　　　　　　　　(2) 一个平面或 3 个平面.

课堂练习 1.2.1

1. 填空题

(1) 如果一条直线上的两点在一个平面内,那么这条直线上的________都在这个平面内.

(2) 如果两个平面有一个公共点,那么它们还有其他公共点,这些公共点的集合是________.

(3) 经过不在同一条直线上的三点________,即不共线的三点________.

2. 在水平平面 α 内,作出已知三角形 ABC(见图 1－42)的直观图.

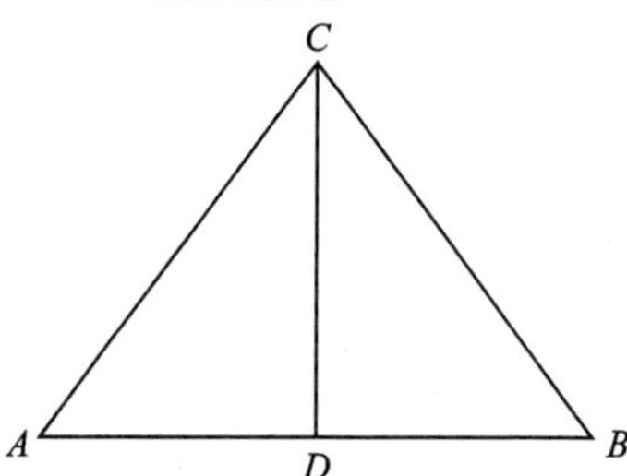

图 1－42

3. 回答下列问题.

(1) 三角形一定是平面图形吗？为什么？

(2) 经过三点的平面是否只有一个,为什么？

(3) 平行四边形一定是平面图形吗？

(4) 一条直线是否可以确定一个平面？

(5) 三条直线两两平行,最多能确定几个平面？

4. 证明:经过一条直线和直线外的一点有且只有一个平面.

1.2.2　直线与直线的位置关系

★ 新知识点

1. 两条直线的位置关系

平面内两条直线的位置关系有平行和相交两种情况.那么,空间内的两条直线的位置关系又会怎样呢？

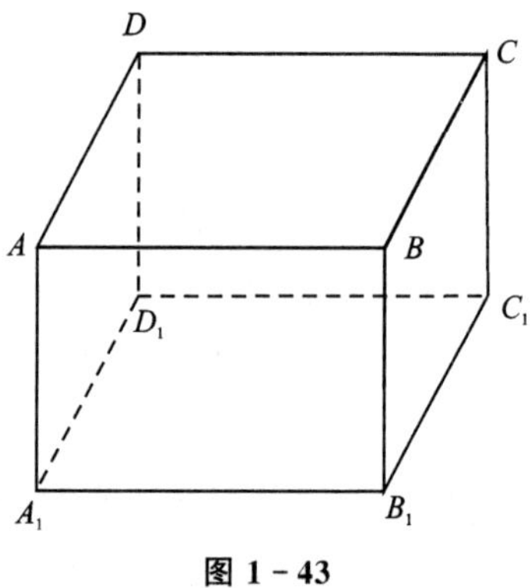

图 1－43

如图 1－43 所示,长方体中,线段 AD 与 A_1B_1 不在同一个平面内,它们既不相交,也不平行. 像这样不在同一个平面内的既不相交、也不平行的两条直线叫作异面直线. 因此，空间中两条不重合的直线位置关系有三种情况：

(1) 平行直线——没有公共点.
(2) 相交直线——只有一个公共点.
} 在同一个平面内.

(3) 异面直线——没有公共点，不在同一个平面内.

提醒：(1) 为突出异面直线的“异面”特点，画图时，要把两条直线明显地画在不同的两个平面内，使它们看上去既不相交，也不平行，如图 1-44 所示.

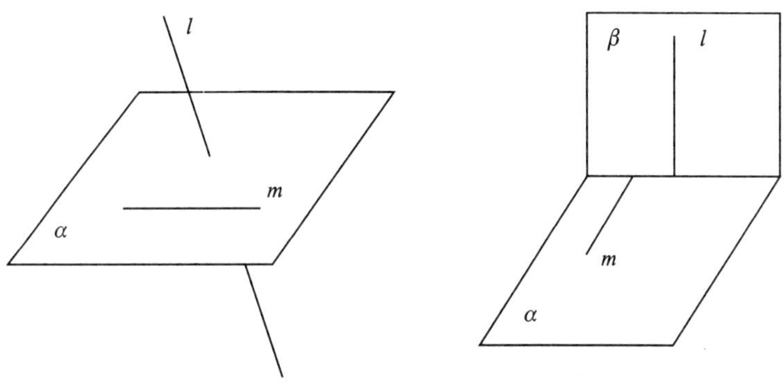

图 1-44

(2) 分别在两个平面内的两条直线不一定是异面直线，如图 1-45 所示.

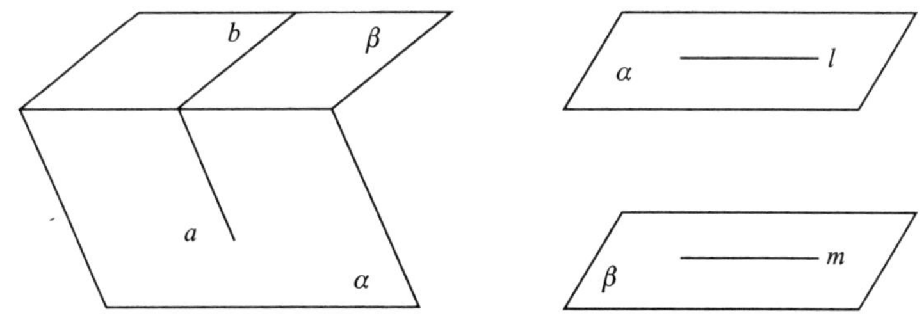

图 1-45

2. 空间直线的平行关系

在平面内平行于同一条直线的两条直线一定平行，在空间内也有类似结论.

公理 4　不在同一平面内的三条直线，如果其中两条直线都平行于第三条直线，那么，这两条直线也互相平行.

另外，在平面几何中，如果两角的对应边平行，则两角相等. 同理，空间中的两角亦有类似结论.

定理　不在同一个平面内的两个角，其中一个角的两边和另一个角的两边分别平行，如果它们的方向相同，则这两个角相等.

3. 空间直线的垂直关系

(1) 两条异面直线所成的夹角：在平面内两条直线的相互位置可以用它们的夹角来表示. 两条异面直线不能直接相交成角，为了表示它们的位置关系，给出下面的定义.

经过空间任意一点分别作与两条异面直线平行的直线，这两条直线相交所成的锐角(或直角)叫作两条异面直线所成的角. 如图 1-46 所示，a，b 为两条异面直线，经过空间一点 O，分

别作直线 $a' // a$，$b' // b$，则 a' 和 b' 相交所成的锐角 θ 就是异面直线 a 与 b 所成的角. θ 的大小仅由直线 a，b 的位置决定，而与点 O 的位置无关. 为简便，点 O 常取在两条异面直线中的一条上.

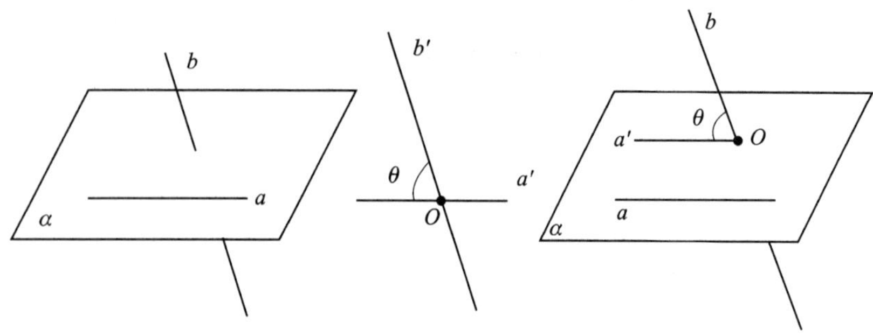

图 1－46

（2）两条异面直线的垂直关系：如果两条异面直线 a，b 的夹角是直角，就说两条异面直线互相垂直，记为 $a \perp b$. 因此，空间的两条直线互相垂直，这两条直线可以是异面直线，也可以是相交直线.

在图 1－47 所示的长方体中，A_1B_1 和两条异面线直 A_1A 和 B_1C_1 都垂直相交，我们把和两条异面直线都垂直相交的直线称为两条异面直线的公垂线. 而这条公垂线夹在两条异面直线之间的线段长度称为两条异面直线的距离. 例如 A_1B_1 的长度就是异面直线 AA_1 和 B_1C_1 的距离.

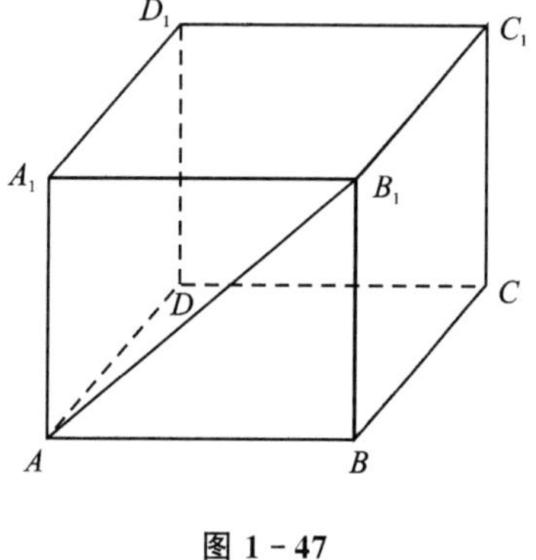

图 1－47

★ 知识巩固

例 1 如图 1－47 所示的长方体中，$\angle BAB_1 = 30°$，求下面各异面直线所成的角.

（1）AB 和 C_1C；

（2）AB_1 和 DC.

解 （1）因为 AB 和 C_1C 是异面直线，而 $BB_1 // CC_1$，$AB \perp BB_1$，所以，根据异面直线所成角的定义，可知 AB 与 C_1C 成直角.

（2）因为 AB_1 和 DC 是异面直线，而 $DC // AB$，$\angle BAB_1 = 30°$，所以，AB_1 和 DC 所成的角是 30°.

例 2 图 1－48 表示一个正方体. 求解：

（1）哪些棱所在的直线与直线 BA' 是异面直线？

（2）求直线 BA' 与 CC' 的夹角.

（3）找出与 AA' 垂直的所有直线.

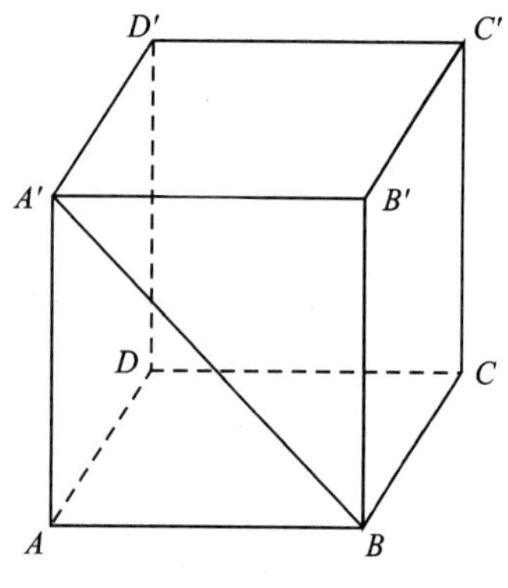

图 1－48

解 （1）由异面直线的定义可知，与直线 BA' 成异面直线的有 $B'C'$，AD，CC'，DD'，DC，$D'C'$.

（2）由 $BB' // CC'$ 可知，$\angle B'BA'$ 等于异面直线 BA' 与 CC' 的夹角，所以，BA' 与 CC' 的夹角为 45°.

(3) 直线 AB,BC,CD,DA,$A'B'$,$B'C'$,$C'D'$,$D'A'$都与直线 AA'垂直.

例 3 下列命题正确的是( ).

A. 垂直于同一条直线的两条直线平行

B. 若一条直线与两条平行线中的一条相交,则它与另一条直线也相交

C. 若一条直线与两条平行线中的一条垂直,则它垂直另一条直线

D. 一条直线最多与两条异面直线中的一条相交

解 选 C.

课堂练习 1.2.2

1. 什么是平行直线? 什么是异面直线? 它们有何区别?
2. 什么叫两条异面直线所成的角? 什么叫两条异面直线互相垂直?
3. 分别在两个平面内的两条直线一定是异面直线吗?
4. 空间两条不相交的直线一定是异面直线吗?
5. 一条直线和两条异面直线相交,一共可以确定几个平面?
6. 垂直于同一条直线的许多空间直线,它们是否平行?
7. 两条直线互相垂直,它们一定相交吗?
8. 垂直于同一直线的两条直线,有几种位置关系?
9. 判断正误.

(1) 平行于同一直线的两条直线平行. ( )

(2) 垂直于同一直线的两条直线平行. ( )

(3) 过直线外一点,有且只有一条直线与已知直线平行. ( )

(4) 与已知直线平行且距离等于定长的直线只有两条. ( )

(5) 平行移动两条异面直线中的任意一条,它们所成的角不变. ( )

1.2.3 直线与平面的位置关系

★ 新知识点

1. 直线与平面的位置关系

如果一条直线 l 和一个平面 α 没有公共点,则称直线 l 和平面 α 平行,记为 $l /\!/ \alpha$. 如果一条直线和一个平面只有一个公共点,则称直线 l 和平面 α 相交.

由此可知,一条直线和一个平面的位置关系有三种:

(1) 直线在平面内——有无数个公共点;

(2) 直线和平面平行——没有公共点;

(3) 直线和平面相交——只有一个公共点.

提醒:(1)画直线和平面平行时,要把直线画在表示平面的平行四边形外面,并且与平行四边形的一条边平行.

(2) 画直线和平面相交时,要把直线延伸到表示平面的平行四边形的外面,如图 1-49 所示.

2. 直线和平面平行

(1) **直线和平面平行的判定定理** 如果平面外的一条直线平行于这个平面内的一条直

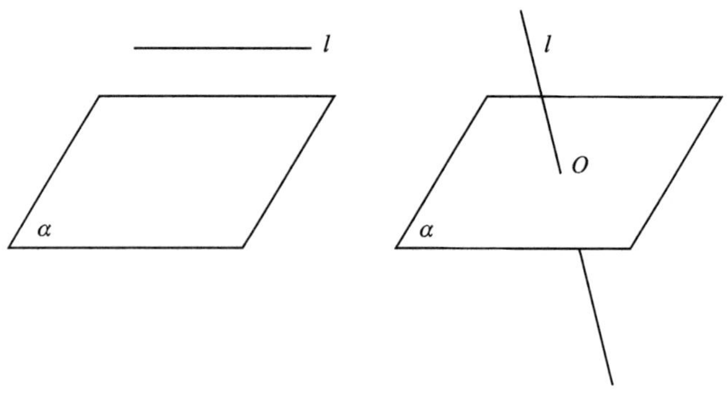

图 1-49

线,则这条直线和这个平面平行.

(2) **直线和平面平行的性质定理** 如果一条直线平行于一个已知平面,则过这条直线的平面与已知平面的交线和这条直线平行.

3. 直线和平面垂直

(1) 直线和平面垂直的定义:如果一条直线和一个平面相交,并且和这个平面内的任何直线都垂直,则称这条直线和这个平面互相垂直. 画直线和平面垂直时,要把直线画成和表示平面的平行四边形的一条边垂直,直线 AB 和平面 α 互相垂直,记作 $AB\perp\alpha$,如图 1-50 所示.

(2) 直线和平面垂直的判定定理如下.

定理 1 如果一条直线和一个平面内的两条相交直线都垂直,则这条直线和这个平面垂直,如图 1-51 所示.

定理 2 如果两条平行线中的一条垂直于一个平面,则另一条也垂直于这个平面,如图 1-52 所示.

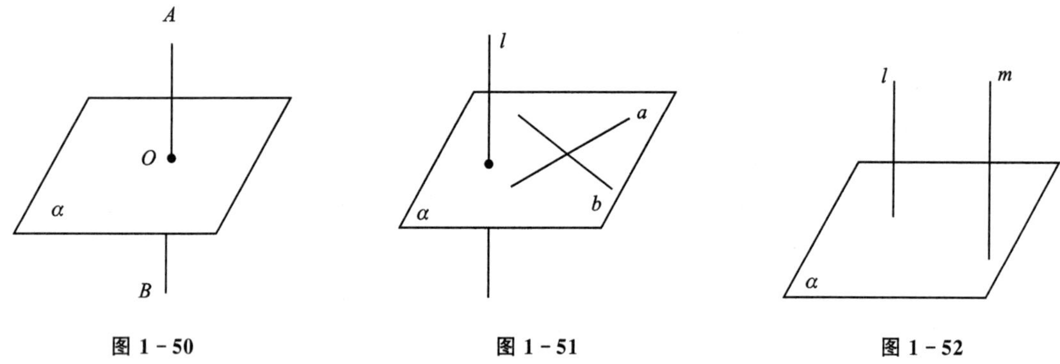

图 1-50　　图 1-51　　图 1-52

(3) **直线和平面垂直的性质定理** 如果两条直线垂直于同一个平面,则这两直线互相平行.

4. 直线和平面斜交

(1) 斜线及其射影:一条直线和一个平面相交,但不和它垂直,这条直线就叫作这个平面的斜线,斜线和平面的交点叫斜足.

从平面外一点,到这个平面引垂线和斜线,从这点到垂足的线段长叫作从这点到平面的垂线段的长;从这点到斜足间的线段长,叫作从这点到这平面的斜线段的长. 斜足和垂足之间的线段叫作斜线段在这个平面内的射影.

如图 1 - 53 所示,AC 是从点 A 到平面 α 的垂线段,AB,AD,AM 为斜线段,BC,DC 和 MC 分别是斜线段 AB,AD 和 AM 在平面 α 内的射影.

提醒:从平面外一点到这个平面引垂线和斜线,有以下性质.

① 如果两斜线段的射影的长相等,则两斜线段的长相等;反之,如果两斜线段的长相等,则两射影的长相等.

② 如果两斜线段的射影的长不等,则射影长的斜线段长;反之,如果两斜线段的长不等,则斜线段较长的射影也较长.

③ 把从平面外一点到这个平面所引的垂线段的长叫作这点到这个平面的距离.

(2) 直线和平面所成的角:斜线和它在平面内的射影所成的锐角,叫作斜线和平面所成的角. 如图 1 - 53 所示,斜线 AB,AD,AM 和平面 α 所成的角分别是 $\angle ABC$,$\angle ADC$ 和 $\angle AMC$.

(3) 关于平面的垂线、斜线及斜线在平面内的射影有以下定理.

三垂线定理　在平面内,一条直线如果和一条斜线在这个平面内的射影垂直,则它也和这条斜线垂直.

已知 $DE\subset\alpha$,AB,AC 分别是平面 α 的垂线和斜线,$DE\perp BC$,如图 1 - 54 所示. 求证:$DE\perp AC$.

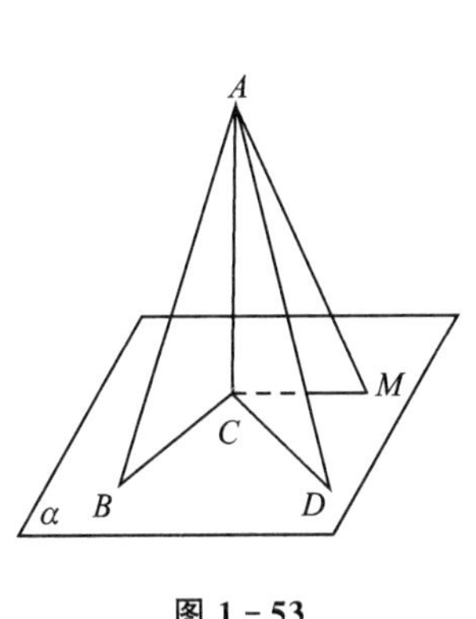

图 1 - 53

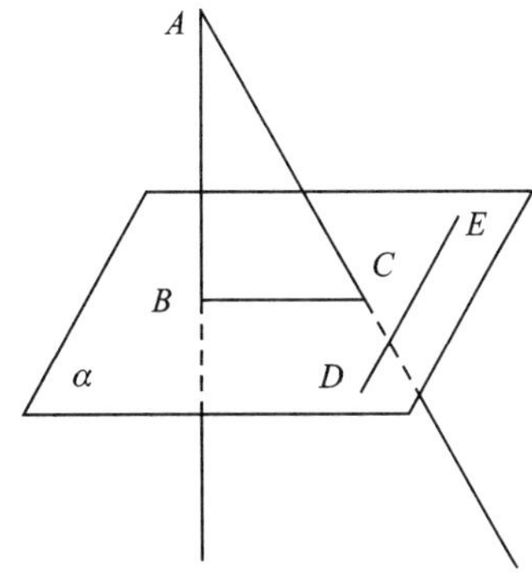

图 1 - 54

证明:由 $AB\perp\alpha$,$DE\subset\alpha$,知 $AB\perp DE$.

又 $DE\perp BC$,

所以 $DE\perp$ 平面 ABC.

又 $AC\subset$ 平面 ABC,

故 $DE\perp AC$.

三垂线定理的逆定理　平面内的一条直线,如果和这个平面的一条斜线垂直,则它也和这条斜线在平面的射影垂直.

★ 知识巩固

例 1　试证明:如果不在一个平面内的一条直线和平面内的一条直线平行,那么这条直线和这个平面平行.

已知:$l\not\subset\alpha$,$m\subset\alpha$,且 $l/\!/m$.

求证:$l/\!/\alpha$.

证明:采用反证法.

假设直线 l 不平行于平面 α,因为 $l\not\subset\alpha$,则 $l\cap\alpha=p$.

若 $p\in m$,则与已知条件 $l/\!/m$ 矛盾.

若 $p\notin M$,则 l 和 m 成异面直线,这也和已知条件 $l/\!/m$ 矛盾.

所以 $l/\!/\alpha$,如图 1-55 所示.

例 2 如图 1-56 所示,AB 和 CD 都是平面 α 的垂线,垂足分别为 B,D,$AB=3$ cm,$CD=6$ cm,$BD=4$ cm,求 AC 的长.

解 $\because$ $AB\perp\alpha,CD\perp\alpha$,

$\therefore$ $AB/\!/CD$.

$\because$ $BD\subset a$,

$\therefore$ $AB\perp BD,CD\perp BD$.

在平行线 AB,CD 所确定的平面内,过 A 点作 $AE/\!/BD$,与 CD 的延长线交于 E,于是 $AE=BD=4,DE=AB=3,CE=CD+DE=9$,

$\therefore$ $AC=\sqrt{AE^2+CE^2}=\sqrt{4^2+9^2}=\sqrt{97}$ (cm).

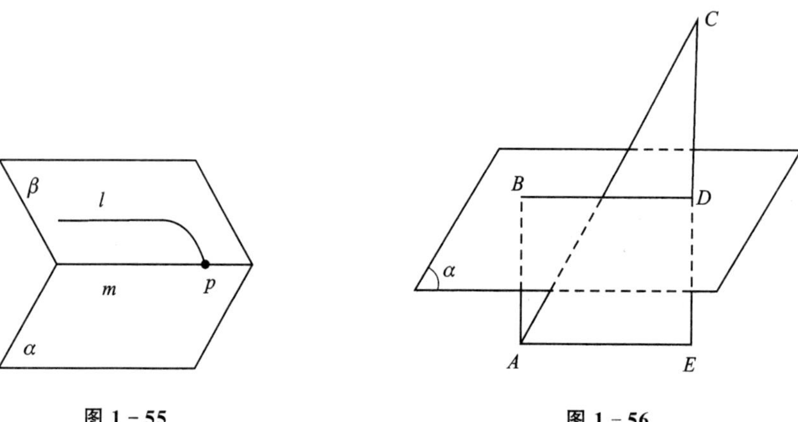

图 1-55　　图 1-56

例 3 如图 1-57 所示,已知等腰三角形 ABC 的腰 $AB=AC=5$ cm,底边 $BC=6$ cm,自顶点 A 作三角形所在平面 α 的垂线 AD,$AD=8$ cm,求点 D 到 BC 的距离.

解 作等腰$\triangle ABC$ 底边 BC 的中线 AE,则 $AE\perp BC$. 联结 DE,根据三垂线定理可知,$DE\perp BC$.

$\because$ $AB=5,BE=3$,

$\therefore$ $AE=\sqrt{5^2-3^2}=\sqrt{16}=4$.

又$\because$ $DA\perp a$,

$\therefore$ $DA\perp AE$.

$\because$ $AD=8$,

$\therefore$ $DE=\sqrt{AD^2+AE^2}=\sqrt{8^2+4^2}=\sqrt{80}=8.9$(cm).

亦即点 D 到 BC 的距离约为 8.9 cm.

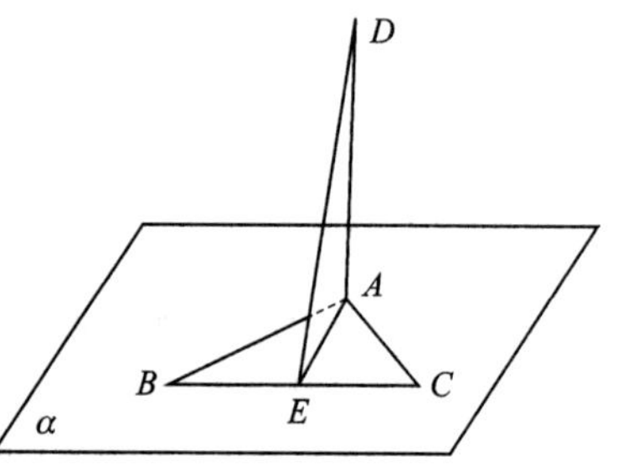

图 1-57

课堂练习 1.2.3

1. 判断下列说法是否正确.

(1) 如果一条直线平行于一个平面,则这条直线和这个平面内的所有直线都平行.　(　　)

(2) 如果一条直线垂直于平面内的两条直线,则这条直线和这个平面垂直.　(　　)

(3) 如果一条直线垂直于平面内两条平行线中的一条,则此直线和这个平面垂直.　(　　)

2. 一个直角$\triangle BAC$所在的平面α外有一点P,这点和直角顶点A的距离是 23 cm,和两条直角边AB,AC的距离都是 17 cm,求点P到平面α的距离.

3. 从 $120°$ 的二面角内一点到二面角的两个面的垂线长都是 $3\sqrt{2}$ cm,求两垂足间的距离.

4. 如图 1 - 58 所示,$ABCD$是矩形,$PA$$\perp$平面$AC$,联结$PB$,$PC$,$PD$,指出图中有哪些三角形是直角三角形,并说明理由.

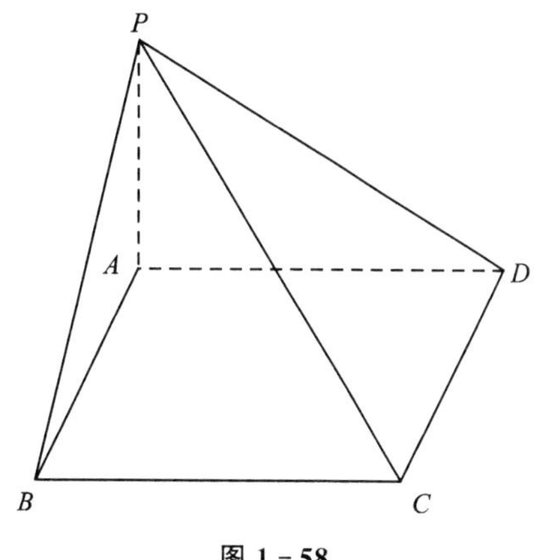

图 1 - 58

1.2.4　平面与平面的位置关系

★ 新知识点

1. 两个平面的位置关系

两个不重合的平面具有以下两种位置关系:

(1) 两平面平行——没有公共点;

(2) 两平面相交——有一条公共直线.

提醒:(1) 画两个互相平行的平面时,要使表示两个平面的平行四边形的横边和纵边分别平行,如图 1 - 59 所示.

(2) 画两个相交平面时,要使表示两个平面的平行四边形有一条公共直线,如图 1 - 60 所示.

(3) 平面α和平面β平行,记作$\alpha /\!/ \beta$.

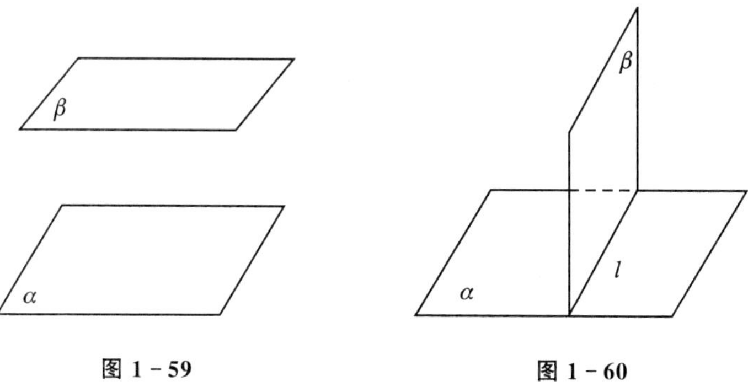

图 1 - 59　　图 1 - 60

2. 平面和平面平行

(1) **平面和平面平行的判定定理**　如果一个平面内有两条相交直线都平行于另一个平

面,那么这两个平面平行.

用反证法证明.

已知:$m\cap n=M$,m,n 确定平面 α,$m/\!/\beta$,$n/\!/\beta$,如图 1-61 所示.

求证:$\alpha/\!/\beta$.

证明:假设 $\alpha\cap\beta=q$,又因为 $m/\!/\beta$,$n/\!/\beta$,则 $m/\!/q$,$n/\!/q$,根据平行公理得 $m/\!/n$,这与已知 $m\cap n=M$ 矛盾,所以$\alpha/\!/\beta$.

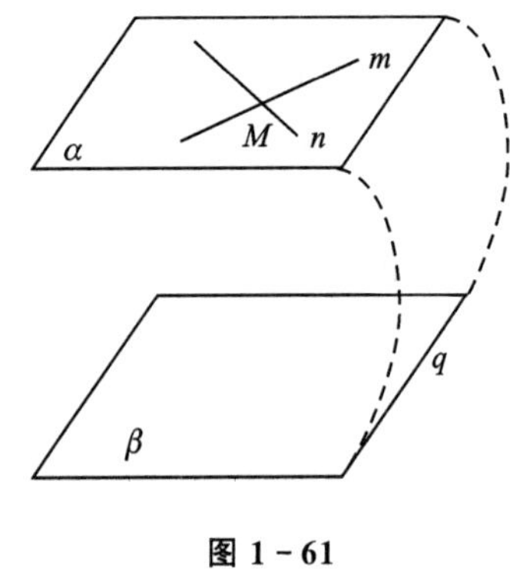

图 1-61

由两平面平行的判定定理还可以得出以下结论:

垂直于同一条直线的两个平面互相平行.(请读者自行证明)

(2) 平面平行的性质定理:

定理 1 如果两个平行平面分别和第三个平面相交,则它们的交线平行.

定理 2 夹在两个平行平面之间的平行线段的长相等.

定理 3 如果一条直线垂直于两个平行平面中的一个平面,则这条直线也垂直于另一个平面.

提醒:(1) 两个平行平面间公垂线段的长都相等.

(2) 两个平行平面间公垂线段的长叫作两个平行平面间的距离.

3. 平面和平面垂直

(1) 二面角的定义:

① 一个平面内的一条直线把这个平面分成两部分,每一部分称为半平面.

② 由一条直线引两个半平面,所组成的图形称为二面角,这条直线称为二面角的棱,构成二面角的两个半平面称为二面角的面,如图 1-62 所示.

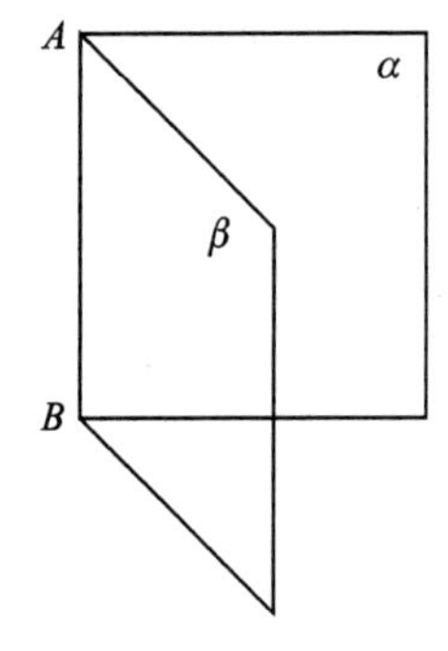

图 1-62

AB 为一个棱,α,β 为面的二面角,记作 $\alpha-AB-\beta$.

(2) 二面角的平面角:从二面角的棱上任意一点,分别在二面角两个半平面内作垂直于棱的两条射线,这两条射线所组成的角称为二面角的平面角. 平面角是直角的二面角称为直二面角.

(3) 平面和平面垂直:平面 α 和平面 β 相交,如果所成的二面角是直二面角,则称平面 α 与平面 β 为互相垂直,记作 $\alpha\perp\beta$.

提醒:(1) 画互相垂直的两个平面时,一般是把直立的平面画成矩形或画成平行四边形,如图 1-63 所示.

(2) 如果一个平面经过另一个平面的一条垂线,则这两个平面互相垂直(平面和平面垂直的判定定理).

(3) 如果两个平面互相垂直,则在一个平面内垂直于它们交线的直线,必垂直于另一个平面(平面和平面垂直的性质定理).

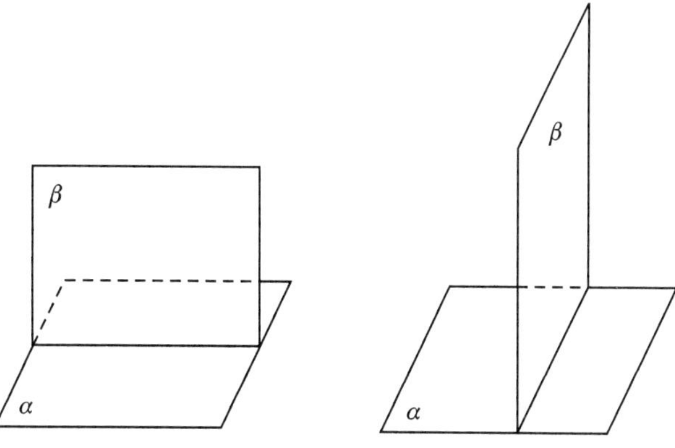

图 1－63

★ 知识巩固

例 1　直线 $a\subset$ 平面 α，直线 $b\subset\beta$ 平面，若 $\alpha/\!/\beta$，则 a，b(　　)

A. 平行　　　　　　B. 不可能垂直

C. 相交　　　　　　D. 可能平行，也可能是异面直线

解　选 D.

说明：两条直线互相垂直，但不一定相交.

例 2　已知二面角 $\alpha-AB-\beta$ 的平面角是锐角 θ，α 内一点 C 到 β 的距离 $CE=3$ cm，点 C 到二面角 $\alpha-AB-\beta$ 的棱 AB 的距离 $CD=4$ cm，求 $\tan\theta$ 的值.

解　如图 1－64 所示，联结 DE.

$\because$ $CE\perp\beta$，$AB\subset\beta$，

$\therefore$ $CE\perp AB$.

$\because$ $CD\perp AB$，

$\therefore$ $AB\perp$ 平面 CDE.

又 $\because$ $DE\subset$ 平面 CDE，

$\therefore$ $AB\perp DE$.

$\angle CDE$ 为平面角 θ，

$\because$ $CE\perp\beta$，$DE\subset\beta$，

$\therefore$ $CE\perp DE$.

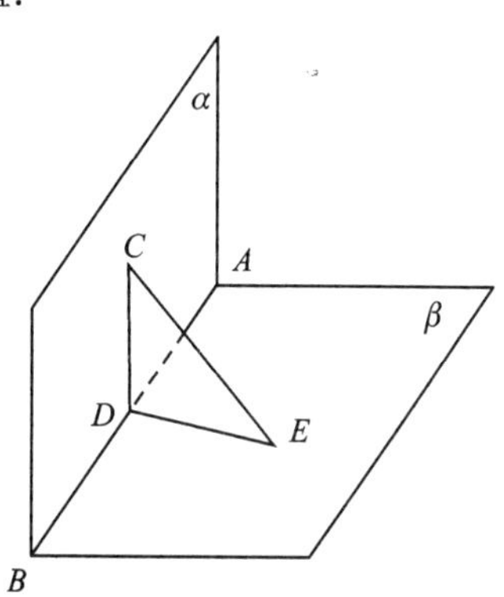

图 1－64

在 Rt$\triangle CED$ 中，$DE=\sqrt{4^2-3^2}=\sqrt{7}$(cm).

$\therefore$ $\tan\theta=\dfrac{3}{\sqrt{7}}=\dfrac{3\sqrt{7}}{7}$.

例 3　已知：P 为二面角 $\alpha-a-\beta$ 内的一点，$PA\perp\alpha$，$PB\perp\beta$，直线 PA，PB 确定平面 γ. 如图 1－65 所示.

求证：$\gamma\perp a$，$\gamma\perp\beta$.

证明：$\because$ $PA\perp a$ 且直线 $PA\subset\gamma$，

$\therefore$ $\gamma\perp a$.

$\because$ $P\perp\beta$ 且直线 $PB\subset\gamma$，

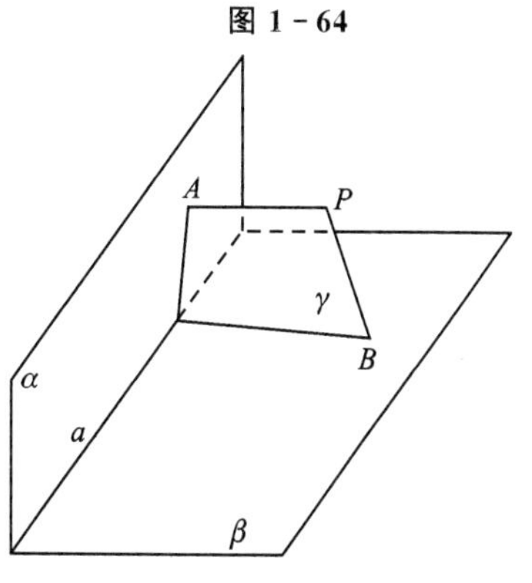

图 1－65

$\therefore\ \gamma\perp\beta$.

课堂练习 1.2.4

1. 已知 P 为二面角 $\alpha-a-\beta$ 内的一点，P 到平面 α 的距离 $PA=2\sqrt{2}$ cm，P 到平面 β 的距离 $PB=4$ cm，点到棱 a 的距离为 $4\sqrt{2}$ cm，如图 1-66 所示，求二面角 $\alpha-a-\beta$ 的度数.

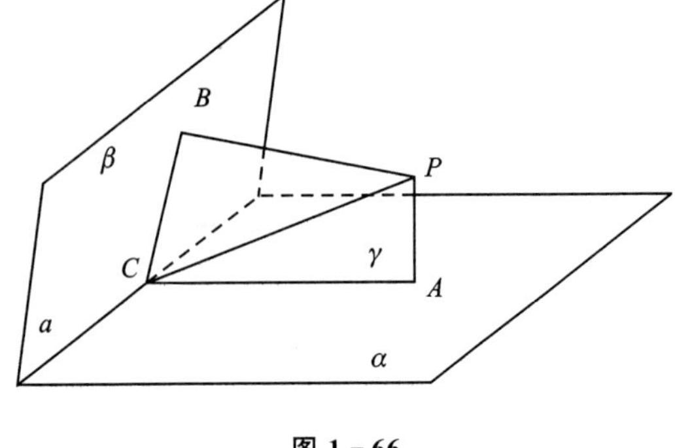

图 1-66

2. 从 120°的二面角内一点到二面角的两个面的垂线长都是 6 cm，求两垂足间的距离.

3. 设一个斜坡面和水平面所成的二面角为 30°. 如图 1-67 所示，沿斜坡面内一条与坡脚成 45°的直线前进 1 km 时，则升高________ km.

4. 如图 1-68 所示，$\triangle ACB$ 是直角三角形，$\angle C=90°$，PA 垂直于 $\triangle ACB$ 所在的平面 α. 联结 PC，PB，求证：$\triangle PBC$ 所在的平面垂直于 $\triangle PAC$ 所在的平面.

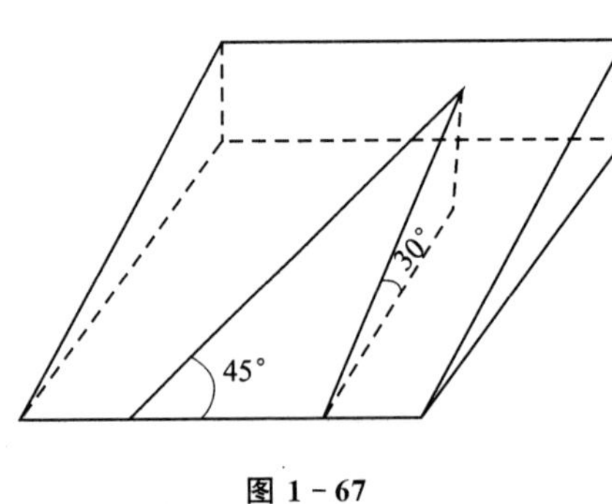

图 1-67

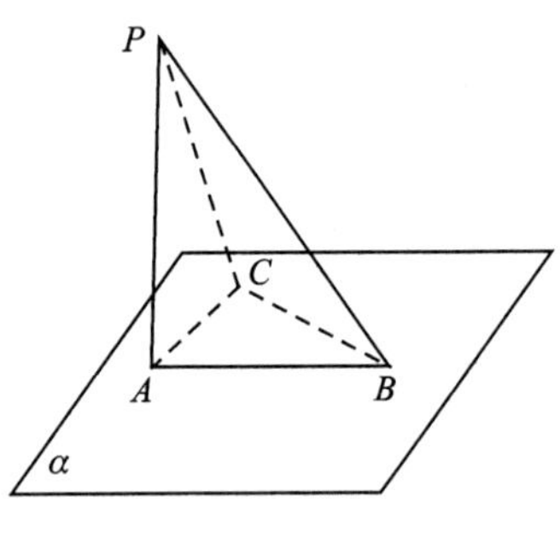

图 1-68

复习题 1

1. 选择题

(1) 经过同一直线上 3 个点的平面(　　).

A. 有且只有一个　　B. 有且只有 3 个　　C. 有无数个　　D. 只有 0 个

(2) 不共面的 4 个点共可确定(　　).

A. 4 个平面　　B. 3 个平面　　C. 1 个平面　　D. 无数个平面

(3) 如果两个平面有 3 个公共点，则这两个平面(　　).

A. 重合　　B. 只有 3 个公共点　　C. 相交　　D. 重合或相交

(4) 三条直线两两平行，但不共面，共可确定(　　).

A. 1 个平面　　B. 2 个平面　　C. 3 个平面　　D. 4 个平面

(5) 三条直线交于一点，经过这三条直线的平面(　　).

A. 有0个　　B. 有无数个

C. 有1个　　D. 可以有0,也可以有1个

(6) 如果两条直线 a 和 b 没有公共点,则 a 与 b(　　).

A. 共面　　B. 是异面直线

C. 平行　　D. 可能平行、也可能是异面直线

(7) 分别与两条异面直线都相交的两条直线(　　).

A. 一定是异面直线　　B. 不可能是平行线

C. 不可能是相交直线　　D. 可以是平行线

(8) 直线 $a /\!/$ 平面 M,直线 $b /\!/$ 平面 M,那么 a,b 的位置关系是(　　).

A. 平行　　B. 相交

C. 异面直线　　D. 可能平行、可能相交、也可能异面直线

(9) 长方体的全面积为 11 cm^2,12 条棱的长度之和为 24 cm,则这个长方体的一条对角线长为(　　)cm.

A. $2\sqrt{3}$　　B. $\sqrt{14}$　　C. 5　　D. 6

(10) 已知正三棱锥 $P-ABC$ 的体积为 3 cm^3,底面边长为 $2\sqrt{3}$ cm,则该三棱锥的高为(　　) cm.

A. 3　　B. $\sqrt{3}$　　C. $\frac{\sqrt{3}}{2}$　　D. $\frac{\sqrt{3}}{3}$

(11) 长方体有一个公共顶点的三个面的面积分别为 4,8,18 cm^2,则长方体的体积为(　　) cm^3.

A. 12　　B. 24　　C. 36　　D. 48

2. 填空题

(1) 若直线 $l\perp$ 平面 α,直线 $m\subset\alpha$,则 l 与 m 的位置关系是________.

(2) 若直线 $l /\!/$ 直线 m,且 $l\perp$ 平面 α,则 m 与 α 的位置关系是________.

(3) 既不平行又不相交的两条直线的位置关系是________.

(4) 已知二面角 $\alpha-AB-\beta$ 的平面角是锐角 θ,α 内一点 C 到 β 的距离 $CB=3$ cm,点 C 到二面角 $\alpha-AB-\beta$ 的棱 AB 的距离 $CD=4$ cm,则 $\tan\theta=$________.

(5) 已知球的一个截面的面积为 9π,且此截面到球心的距离为 4 cm,则该球的表面积为________.

(6) 已知球的表面积为 64π,则此球的体积为________.

(7) 一个球膨胀后,球面面积增大到原来的 4 倍,则球的体积增大到原来的________倍.

3. 判断题

(1) 分别在两个平面内的直线一定是异面直线.　(　　)

(2) 空间两条不相交的直线一定是异面直线.　(　　)

(3) 垂直于同一条直线的空间直线互相平行.　(　　)

(4) 两条相交的直线一定能与两条异面直线都相交.　(　　)

(5) 如果一条直线垂直于平面内两条平行线中的一条,则此直线和这个平面垂直.(　　)

(6) 如果一条直线垂直于平面内的两条直线,则这条直线和这个平面垂直.　(　　)

(7) 如果一条直线平行于一个平面,则这条直线和这个平面内的所有直线都平行.(　　)

(8) 如果两个平面互相平行,则分别在这两个平面内的直线都互相平行. (　　)

(9) 如果两个平面互相平行,则在其中一个平面内的任何直线都平行于另一个平面. (　　)

(10) 一条直线与两条平行直线都相交,这三条直线在同一个平面内. (　　)

(11) 两条直线互相垂直,它们一定相交. (　　)

(12) 两条异面直线不能垂直于同一个平面. (　　)

(13) 分别在两个平行平面内的两条直线,必是两条互相平行的直线. (　　)

4. 证明:(1) 如果一条直线和两条平行直线相交,则这三条直线共面.

(2) 两两相交且不过同一点的三条直线共面.

5. 如图 1-69 所示的长方体中,$\angle BAB_1=30°$,求下列两直线所成的角:(1) AB 和 CC_1;(2) AB_1 和 DC.

6. 作图:画两个相交平面,在这两个平面内各画一条直线,使它们成为(1) 平行直线;(2) 相交直线;(3) 异面直线.

7. 如图 1-70 所示,二线段 AB,CD 不在同一个平面内,且 $AC=BC,AD=BD$,求证 $AB\perp CD$.

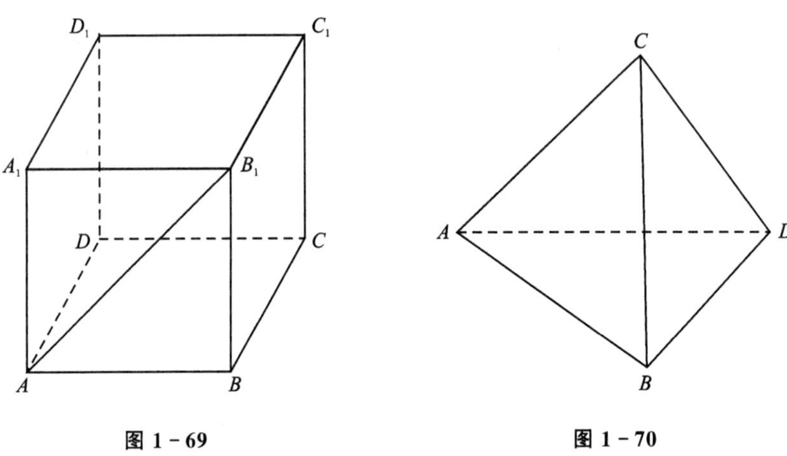

图 1-69　　图 1-70

8. 已知 PQ 是平面 α 与 β 的交线,$OA\perp\alpha$,$OB\perp\beta$,求证:$PQ\perp AB$.

9. 在 60°二面角的一个面内有一个已知点,它到另一个平面内的距离是 10 cm,求这点到棱的距离.

10. 已知正三棱锥的斜高为 13 cm,高为 12 cm,求此正三棱锥的全面积和体积,如图 1-71 所示.

11. 一个正三棱台,它的侧棱长为 10 cm,两个底面的边长分别为 6 cm 和 18 cm,求其侧面积.

12. 以正三角形的一边 a 为轴旋转一周,求所得旋转体的全面积和体积.

13. 已知圆柱的底面半径为 2 cm,高为 3 cm,求它的表面积和体积.

14. 一个圆锥的底面半径为 4 cm,高为 3 cm,求圆锥的侧面展开图的圆心角和侧面积.

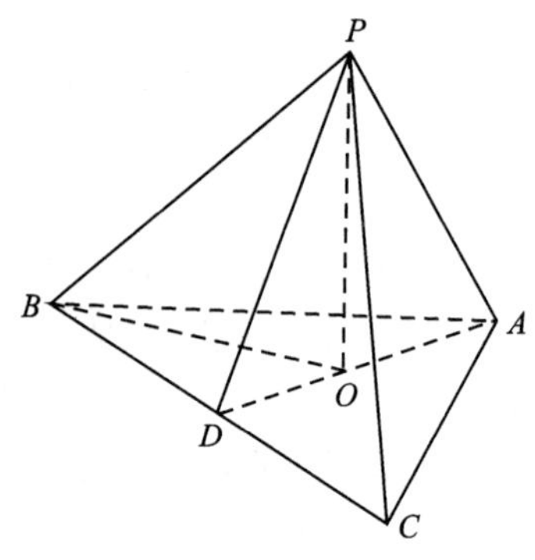

图 1-71

15. 设圆柱的底面面积为 S,轴截面面积为 Q,求它的全面积.

16. 已知圆锥的底面半径为 10 cm,平行于底面的截面将其侧面分成面积相等的两部分,求截面的半径.

17. 一球内切于圆锥,球的半径为 2 cm,圆锥的高为 8 cm,求圆锥的全面积和体积.

18. 已知圆台的母线长为 l,母线与下底面所成的角为 α,上、下底面半径之比为 2∶3,求圆台的高和上、下底面的半径.

19. 如图 1－72 所示,在两个相互垂直的平面 α 和 β 的交线上有两点 A 和 B,$AC\perp AB$,$BD\perp AB$,且 $AC=3$ cm,$AB=4$ cm,$BD=5$ cm,求 CD 的长.

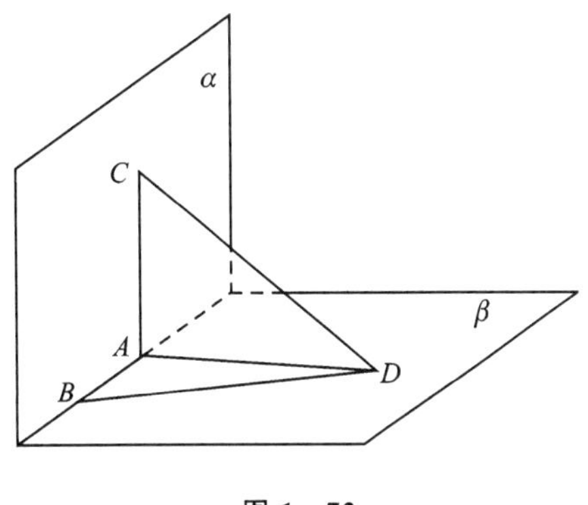

图 1－72

本章小结

本章内容主要包括:空间几何体的基本要素,平面的基本性质,空间直线、平面之间的位置关系,空间两异面直线、直线与平面、平面与平面所成的角,三垂线定理及其逆定理,棱柱、棱锥、棱台、圆柱、圆锥、圆台以及球的概念、主要性质和表面积、体积的计算公式.

1. 知识结构

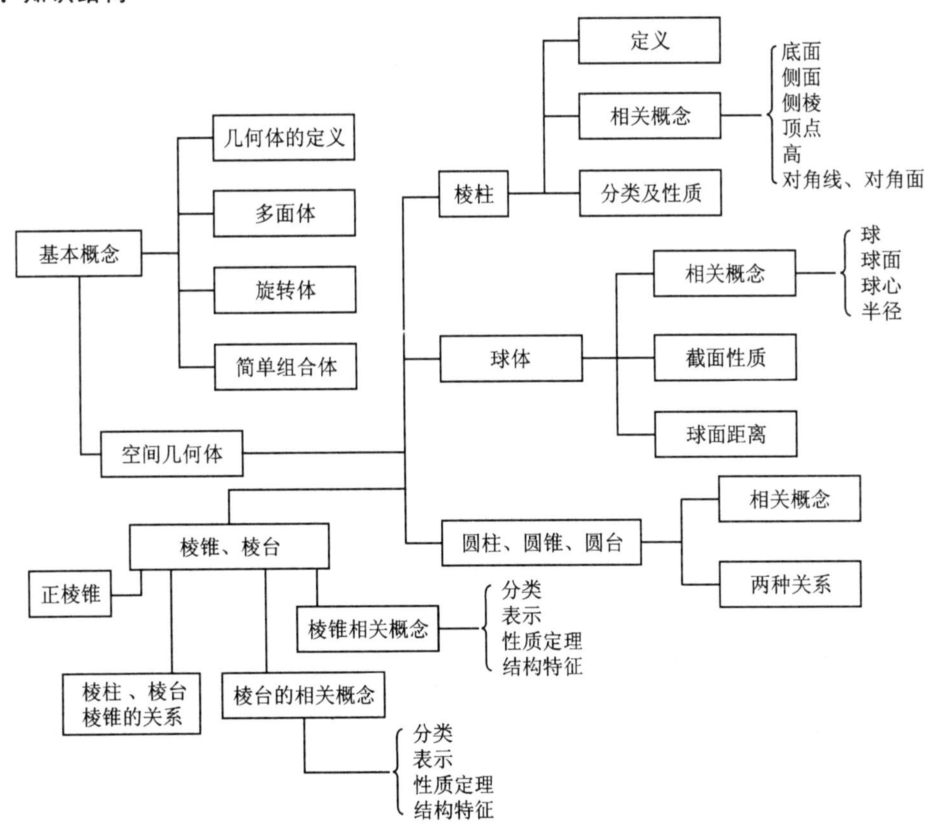

(1) 空间点、直线、平面之间的位置关系如下。

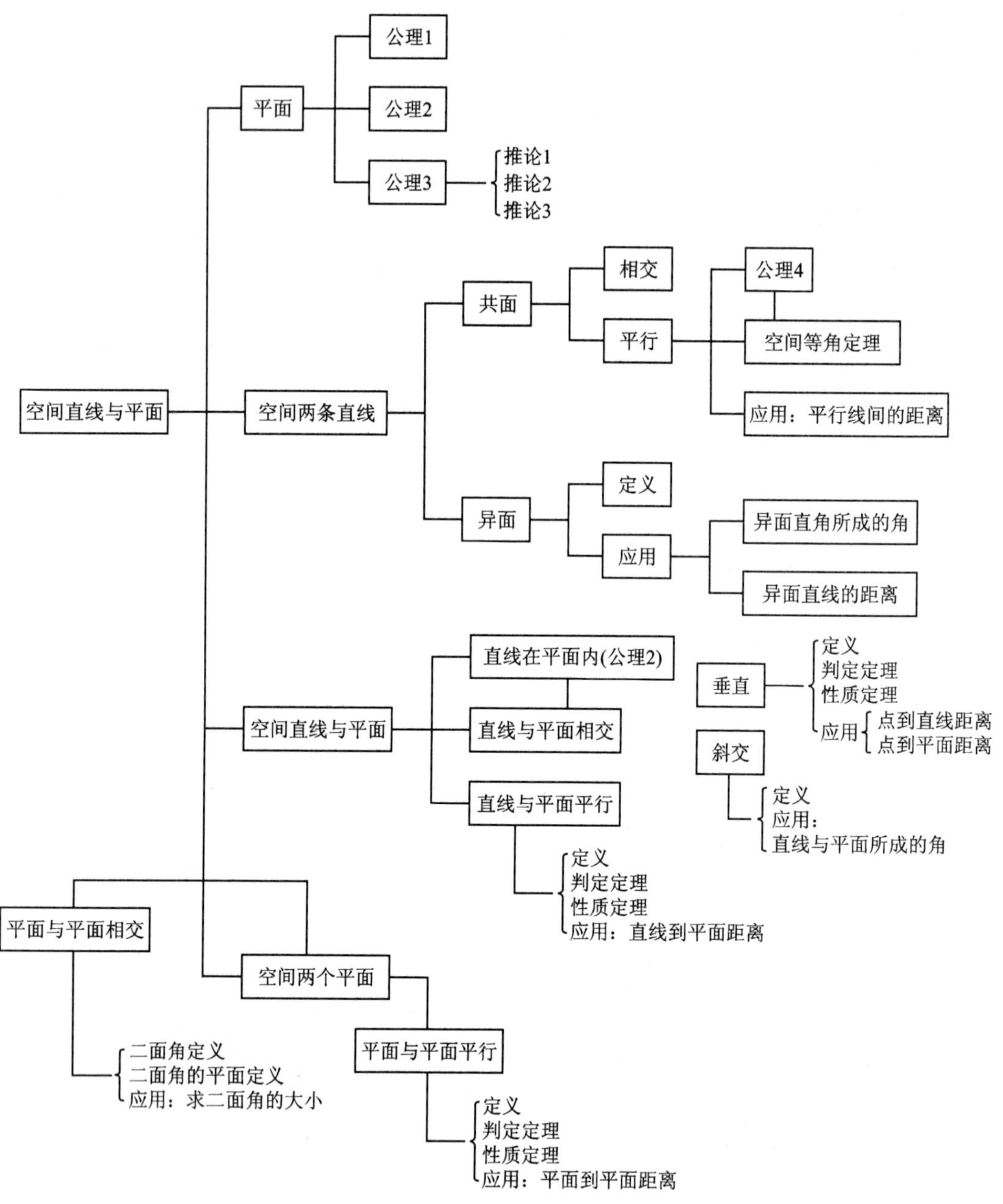

(2) 空间几何体的面积和体积公式如表 1-1 和表 1-2 所列.

表 1-1

名 称		侧面积 $S_{侧}$	全面积 $S_{全}$	体积 V
棱柱	棱柱	直截面周长×l	$S_{侧}+2S_{底}$	$S_{底}\cdot h$
	直棱柱	$C\cdot h$		

续表 1－1

名　称		侧面积 $S_{侧}$	全面积 $S_{全}$	体积 V
棱锥	棱锥	各侧面积之和	$S_{侧}+S_{底}$	$\frac{1}{3}S_{底}\cdot h$
	正棱锥	$\frac{1}{2}Ch'$		
棱台	棱台	各侧面积之和	$S_{侧}+S_{上底}+S_{下底}$	$\frac{1}{3}h\left(S_{上底}+S_{下底}+\sqrt{S_{上底}\cdot S_{下底}}\right)$
	正棱台	$\frac{1}{2}(C+C')h$		

表中 S 表示面积；C'，C 分别表示上、下底面周长；h 表示高；h'表示斜高；l 表示侧棱长.

表 1－2

名　称	圆　柱	圆　锥	圆　台	球
$S_{侧}$	$2\pi\cdot r\cdot l$	$\pi\cdot r\cdot l$	$\pi(r_1+r_2)l$	—
$S_{全}$	$2\pi\cdot r(l+r)$	$\pi r(l+r)$	$\pi(r_1+r_2)l+\pi(r_1^2+r_2^2)$	$4\pi R^2$
V	πr^2h(即 πr^2l)	$\frac{1}{3}\pi r^2\cdot h$	$\frac{1}{3}\pi h(r_1^2+r_1r_2+r_2^2)$	$\frac{4}{3}\pi R^3$

表中 l，h 分别表示母线长、高；r 表示圆柱、圆锥与球冠的底半径；r_1，r_2 分别表示圆台上、下底面半径；R 表示球半径。

2. 方法总结

(1) 学习空间图形，要发挥空间想象力，对图形的直观认识，要上升到理性认识。

(2) 平面图形与空间图形的性质之间既有联系又有区别，所以要复习平面图形和平面向量等知识后，再来学习空间图形，尽量利用向量的概念来表示. 本章实质上就是把平面几何中学过的垂直、平行、勾股定理等性质推广到空间并转化为向量表示的.

(3) 平面的基本性质(三条公理和两个推论)是研究空间直线、平面的位置关系的理论基础，通过平面内直线与直线平行、垂直的关系可以研究空间的直线与直线、直线与平面、平面与平面之间的平行或垂直关系. 因此，在学习中，要注意把空间图形与平面图形的知识联系起来，使学过的知识得到综合应用.

(4) 立体几何知识的概念和定理较多，学习时要把握重点，如异面直线的定义、两异面直线所成的角的规定、二面角和平面角的求法、三垂线定理及逆定理等，这些概念和定理在生产实践中运用广泛.

(5) 柱、锥、台、球的结构特征：

① 棱柱　两底面是对应边平行的全等多边形，侧面、对角面都是平行四边形，侧棱平行且相等，平行于底面的截面是与底面全等的多边形.

② 棱锥　侧面、对角面都是三角形，平行于底面的截面与底面相似，相似比等于顶点到截面距离与高的比的平方.

③ 棱台　上下底面是相似的平行多边形，侧面是梯形，侧棱交于原棱锥的顶点.

④ 圆柱　底面是一个圆，母线与轴平行，侧面展开图是一个矩形，轴与底面半径垂直.

⑤ 圆锥　底面是一个圆，母线交于圆锥顶点，侧面展开图是一个扇形.

⑥ 圆台　上、下底面是圆，侧面母线交于圆锥顶点，侧面展开图是一个弓形.

⑦ 球体　球的截面是圆，球面上任意一点到球心的距离等于半径.

(6) 柱体、锥体、台体和球体的表面积与体积.

① 几何体的表面积为几何体各个面的面积之和.

② 柱体、锥体、台体的体积公式：

$$V_{柱}=S\cdot h,\ V_{锥}=\frac{1}{3}S\cdot h,\ V_{台}=\frac{1}{3}(S_{上}+S_{下}+\sqrt{S_{上}\ S_{上}})\cdot h.$$

③ 球体的表面积：$S_{球}=4\pi R^2$.

球体的体积:$V_{球}=\frac{4}{3}\pi R^3$.

趣味阅读

动物中的数学“天才”

蜜蜂蜂房是严格的六角柱状体,它的一端是平整的六角形开口,另一端是封闭的六角棱锥形的底,由三个相同的菱形组成. 组成底盘的菱形的钝角为 109°28′,所有的锐角为 70°32′,这样既坚固又省料. 蜂房的巢壁厚 0.073 mm,误差极小.

丹顶鹤总是成群结队迁飞,而且排成“人”字形. “人”字形的角度是 110 度. 更精确地计算还表明“人”字形夹角的一半,即每边与鹤群前进方向的夹角为 54°44′8″! 而金刚石结晶体的角度正好也是 54°44′8″! 是巧合还是某种大自然的“默契”?

蜘蛛结的“八卦”形网,是既复杂又美丽的八角形几何图案,人们即使用直尺和圆规也很难画出像蜘蛛网那样匀称的图案.

冬天,猫睡觉时总是把身体抱成一个球形,这中间也有数学原理,因为球形使身体的表面积最小,从而散发的热量也最少.

真正的数学“天才”是珊瑚虫. 珊瑚虫在自己的身上记下“日历”,它们每年在自己的体壁上“刻画”出 365 条斑纹,显然是一天“画”一条. 奇怪的是,古生物学家发现,3 亿 5 千万年前的珊瑚虫每年“画”出 400 幅“水彩画”. 天文学家告诉我们,当时地球一天仅 21.9 小时,一年不是 365 天,而是 400 天.

第 2 章　平面解析几何

平面解析几何是数学中最基本的分支学科之一，也是科学技术中最基本的数学工具之一．解析几何实质上是用代数方法研究图形的几何性质，体现了数形结合的重要思想．

2.1　平面直角坐标系中的基本公式

★ 新知识点

1. 两点间的距离公式

如图 2－1 所示，在平面直角坐标系中，已知两点 $P_1(x_1,y_1)$ 和 $P_2(x_2,y_2)$，求 P_1P_2 的距离．

从点 P_1，P_2 分别向 x 轴作垂线 P_1M_1 和 P_2M_2，垂足坐标分别为 $M_1(x_1,0)$，$M_2(x_2,0)$，经过点 P_1 作平行于 x 轴的直线 P_1N 交 P_2M_2 于点 N，于是得到直角三角形 P_1NP_2，由勾股定理可知：

$$|P_1P_2|^2=|P_1N|^2+|P_2N|^2,$$

又 $|P_1N|=x_2-x_1$，$|P_2N|=y_2-y_1$，

$\therefore\ |P_1P_2|^2=(x_2-x_1)^2+(y_2-y_1)^2.$

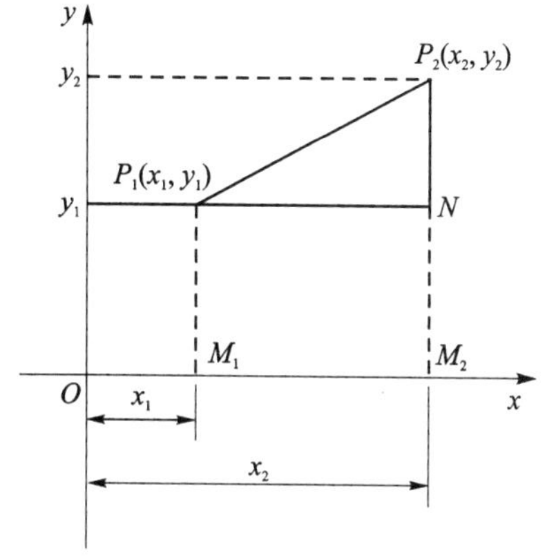

图 2－1

即
$$|P_1P_2|=\sqrt{(x_2-x_1)^2+(y_2-y_1)^2}. \tag{2-1}$$

式(2－1)就是平面直角坐标系中任意两点间的距离公式．

2. 线段的中点坐标公式

设已知线段 P_1P_2 的两个端点分别是 $P_1(x_1,y_1)$ 和 $P_2(x_2,y_2)$，点 P 是线段 P_1P_2 的中点，如图 2－2 所示，求中点 P 的坐标$(x、y)$．

由点 P_1，P，P_2 分别作 y 轴的平行线，交 x 轴于 M_1，M，M_2，由图 2－2 可知，因为 $|M_1M|=|MM_2|$，所以 $|x-x_1|=|x_2-x|$，即 $x-x_1=x_2-x$，从而 $x=\dfrac{x_1+x_2}{2}$．

同理，可以推出 $y=\dfrac{y_1+y_2}{2}$．

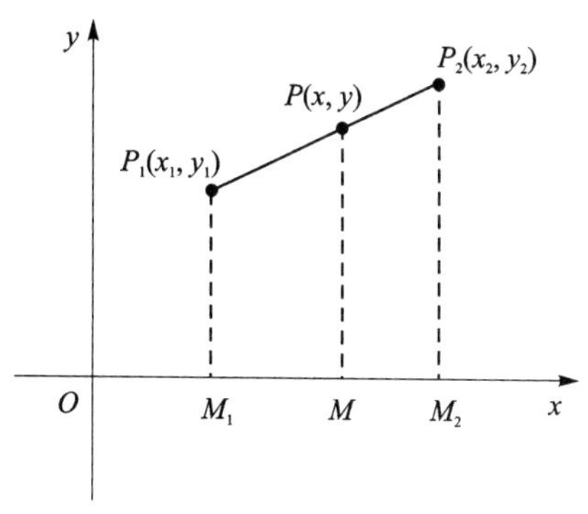

图 2－2

因此，点 $P_1(x_1,y_1)$ 和 $P_2(x_2,y_2)$ 之间所连线段的中点 P 的坐标为

$$\left.\begin{aligned} x &= \frac{x_1 + x_2}{2} \\ y &= \frac{y_1 + y_2}{2} \end{aligned}\right\} \qquad (2-2)$$

式(2-2)简称为线段的中点公式.

★ 知识巩固

例 1 求下列两点的距离及线段中点的坐标.

(1) $A(-1,-2)$, $B(-3,-4)$;

(2) $C(-2,1)$,$D(5,2)$.

解 (1) 设 AB 的中点为 $M(x,y)$,由线段的中点公式,得线段 AB 的中点坐标为$M(-2,-3)$.

AB 两点的距离 $|AB|=\sqrt{[-3-(-1)]^2+[(-4)-(-2)]^2}=2\sqrt{2}$.

(2) 设 CD 的中点为 $N(x,y)$,由线段的中点公式,得线段 CD 的中点坐标为 $N\left(\frac{3}{2},\frac{3}{2}\right)$.

CD 两点的距离 $|CD|=\sqrt{[5-(-2)]^2+(2-1)^2}=5\sqrt{2}$.

例 2 已知线段 MN 的中点坐标为(2,3),端点 M 的坐标为(-4,5),求另一端点 N 的坐标.

解 设端点 N 的坐标为(x,y),则由中点坐标公式可得

$$\begin{cases} 2 = \dfrac{x-4}{2} \\ 3 = \dfrac{y+5}{2} \end{cases}$$

解得 $x=8,y=1$.

所以,端点 N 的坐标为(8,1).

课堂练习 2.1

1. 填空题

(1) 在 x 轴上,已知点 $P_1(x_1,0)$和 $P_2(x_2,0)$,那么,点 P_1 和 P_2 的距离为________.

(2) 在 y 轴上,已知点 $P_1(0,y_1)$和 $P_2(0,y_2)$,那么,点 P_1 和 P_2 的距离为________.

(3) 在平面直角坐标系中,已知点 $A(x,y)$,那么,原点 O 和点 A 的距离为________.

(4) 已知平面上两点 $A(x_1,y_1)$和 $B(x_2,y_2)$,那么,A 和 B 之间的距离为________.

2. 求下列两点间的距离.

(1) $P_1(-1,0)$和 $P_2(2,0)$.

(2) $A(-2,0)$和 $B(-4,3)$.

3. 有一质量均匀的细棒 AB,它的中点坐标是(5,1),端点 A 的坐标是(-1,-3),求端点 B 的坐标.

4. 已知点 $A(3,6)$,在 x 轴上的点 P 与点 A 的距离等于 10,求点 P 的坐标.

5. 已知△ABC 的顶点为 $A(-1,3)$,$B(3,-2)$,$C(2,4)$,求 BC 边上的中线 AM 的长度为________.

6. 已知 $A(1,2)$,$B(-3,b)$,两点间的距离等于 $4\sqrt{2}$,求 b 的值.

7. 已知平行四边形 $ABCD$ 的三个顶点 $A(-3,0)$,$B(2,-2)$,$C(5,2)$,则顶点 D 的坐标为________.

8. 若点 M 在 y 轴上,且和点 $A(-4,-1)$,$B(2,3)$ 等距离,那么,点 M 的坐标是________.

9. 若点 $P(x,y)$ 到两点 $M(2,3)$ 和 $N(4,5)$ 的距离相等,则 $x+y$ 的值等于________.

10. 已知$\triangle ABC$ 的两个顶点 $A(3,7)$,$B(-2,5)$,若 AC,BC 的中点都在坐标轴上,则点 C 的坐标为________.

11. 已知$\triangle ABC$ 的顶点分别为 $A(2,0)$,$B(1,-2)$,$C(-1,3)$,试求 AB 边上的中线 CD 的长度.

12. 如果点 $A(0,-2)$ 与点 B 关于点 $P(3,-5)$ 对称,求点 B 的坐标.

2.2　直线方程

2.2.1　直线方程的概念与直线的斜率

★ 新知识点

1. 直线方程的概念

在平面直角坐标系中,一次函数 $y=kx+b(k\neq 0)$ 的图像是一条直线. 由于函数 $y=kx+b$ 也可以看成是一个含有 x,y 的二元一次方程,即 $kx-y+b=0$,所以,这个方程的图像也是一条直线.

例如,函数 $y=2x+1$ 的图像是通过点 $M(0,1)$ 和点 $N(1,3)$ 的直线,而方程 $2x-y+1=0$ 的图像也是这条直线,如图 2-3 所示.

由图 2-3 可以看出:

(1) 以满足方程 $2x-y+1=0$ 的每一组解 x,y 为坐标的点都在直线 l 上. 例如 $x=0$,$y=1$ 满足方程 $2x-y+1=0$,显然,点 $(0,1)$ 在直线 l 上.

(2) 在直线 l 上的任何点的坐标 (x,y) 都是满足方程 $2x-y+1=0$ 的解. 例如,点 $N(1,3)$ 在直线 l 上,显然,它的坐标 $x=1$,$y=3$ 就是满足方程 $2x-y+1=0$ 的一组解.

一般地,一次函数 $y=kx+b$ 的图像是一条直线,它是以满足 $y=kx+b$ 的每一对 x,y 的值为坐标的点构成的. 由于函数式 $y=kx+b$ 也可以看作是二元一次方程 $kx-y+b=0$,所以,这个方程的解实际上也和直线上的点存在着这样的对应关系.

因此,我们把 $kx-y+b=0$ 叫作直线的方程,直线 l 叫作这个方程的图像.

2. 直线的倾斜角和斜率

(1) 直线的倾斜角:在平面直角坐标系中,直线 l 向上的方向与 x 轴的正方向的形成的最小正角 α 叫作直线 l 的倾斜角,如图 2-4 所示. 并且规定,当直线 l 和 x 轴平行或重合时,倾斜角 $\alpha=0°$,因此倾斜角 α 的取值范围是 $0°\leqslant\alpha<180°$.

平面内任何一条直线的倾斜角都是唯一的,因此,该直线的方向也就确定了.

(2) 直线的斜率:我们把直线倾斜角 α 的正切值,称为直线的斜率. 直线的斜率常用 k 表示,即

$$k=\tan\alpha \quad \left(\alpha\neq\frac{\pi}{2}\right). \tag{2-3}$$

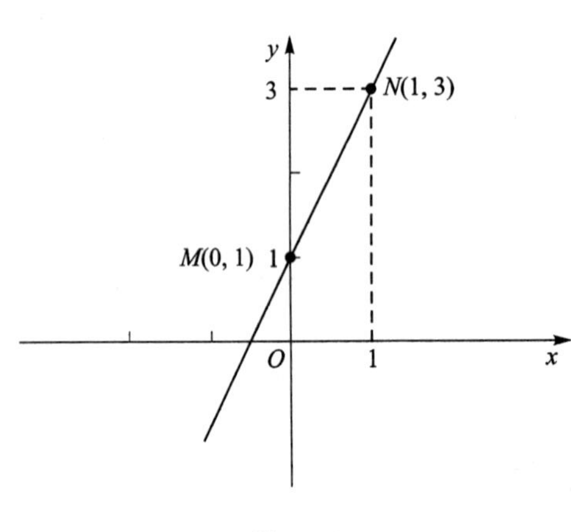

图 2-3

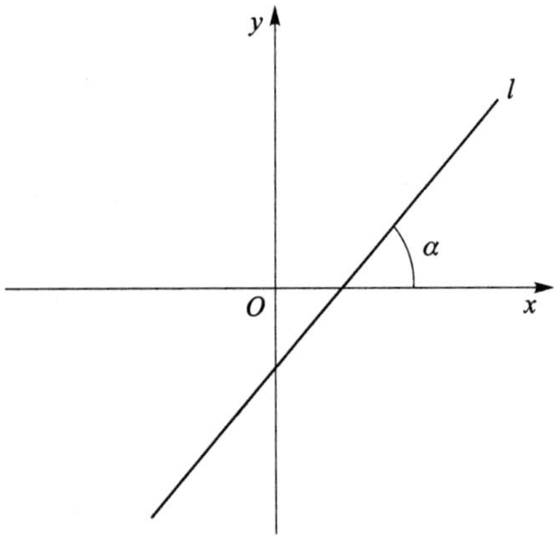

图 2-4

★ 知识巩固

例 1 已知直线 l 的倾角是 α，求 l 的斜率 k.

(1) $\alpha=\frac{\pi}{6}$；(2) $\alpha=\frac{3}{4}\pi$.

解 (1) $k=\tan\frac{\pi}{6}=\frac{\sqrt{3}}{3}$.

(2) $k=\tan\frac{3\pi}{4}=\tan 135^\circ=\tan(180^\circ-45^\circ)=-\tan 45^\circ=-1$.

例 2 已知直线 l 的斜率 k，求 l 的倾斜角 α.

(1) $k=\sqrt{3}$；(2) $k=-\frac{\sqrt{3}}{3}$.

解 (1) $\because$ $k=\sqrt{3}>0$，

$\therefore$ 倾斜角 α 是锐角.

又 $\tan 60^\circ=\sqrt{3}$，

$\therefore$ $\alpha=60^\circ$.

(2) $\because$ $k=-\frac{\sqrt{3}}{3}<0$，

$\therefore$ 倾斜角 α 是钝角.

又 $\tan 30^\circ=\frac{\sqrt{3}}{3}$，

利用三角函数化简公式：

$\tan(180^\circ-30^\circ)=-\tan 30^\circ=-\frac{\sqrt{3}}{3}$，

$\therefore$ 倾斜角 $\alpha=180^\circ-30^\circ=150^\circ$.

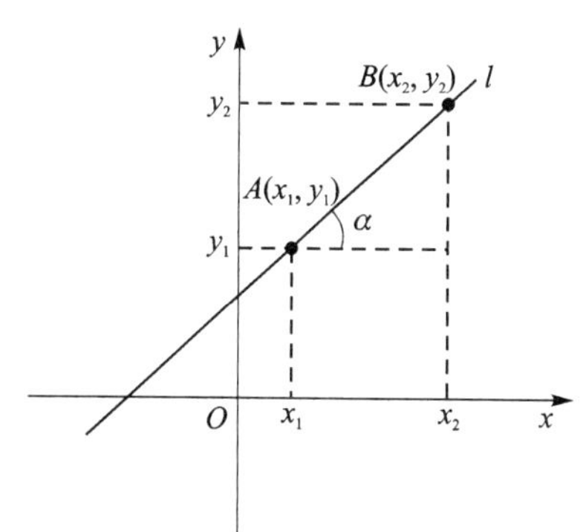

图 2－5

例 3　已知直线上两点 A，B 的坐标分别为 $A(x_1, y_1)$ 和 $B(x_2, y_2)$，求直线的斜率.

解　如图 2－5 所示，$k=\tan\alpha=\dfrac{y_2-y_1}{x_2-x_1}(x_1\neq x_2)$.

提醒：一般地，当 $k>0$ 时，倾斜角 α 为锐角；当 $k<0$ 时，倾斜角 α 为钝角.

课堂练习 2.2.1

1. 填空题

当直线 l 的倾斜角 α 改变时，直线 l 的斜率 k 就相应地变化，其变化情况如下：

(1) 当 $\alpha=0°$ 时，$k=$________；　(2) 当 $0°<\alpha<90°$ 时，$k=$________；

(3) 当 $\alpha=90°$ 时，$k=$________；　(4) 当 $90°<\alpha<180°$ 时，$k=$________.

2. 判断下列各点是否在直线 $l: x-2y+3=0$ 上.

(1) $A(2,5)$；　(2) $B(3,3)$；　(3) $C(-3,0)$；　(4) $D(0,5)$.

3. 已知直线的倾斜角如下，求各直线的斜率.

(1) $\dfrac{\pi}{3}$；　(2) $\dfrac{\pi}{4}$；　(3) $\dfrac{\pi}{6}$；　(4) $\dfrac{3\pi}{2}$；　(5) $\dfrac{2}{3}\pi$.

4. 已知直线 l 上两点 $M_1(-1,0)$，$M_2(1,2)$，求直线 l 的斜率和倾斜角.

5. 求证 $A(1,3)$，$B(5,7)$，$C(10,12)$ 三点在同一直线上. $\left(\text{提示：利用 } k=\tan\alpha=\dfrac{y_2-y_1}{x_2-x_1}\right)$

6. 判断满足下列条件的直线的斜率是否存在. 若存在，求出来.

(1) 直线的倾斜角为 60°；　(2) 直线过 $P(2,3)$ 与 $Q(-5,3)$；

(3) 直线平行于 y 轴；　(4) 直线平行 x 轴；

(5) 点 $M(-2,5)$，$N(3,8)$ 在直线上.

2.2.2　直线方程的几种形式

本节将介绍如何根据已知条件，求直线方程.

★ 新知识点

1. 点斜式直线方程

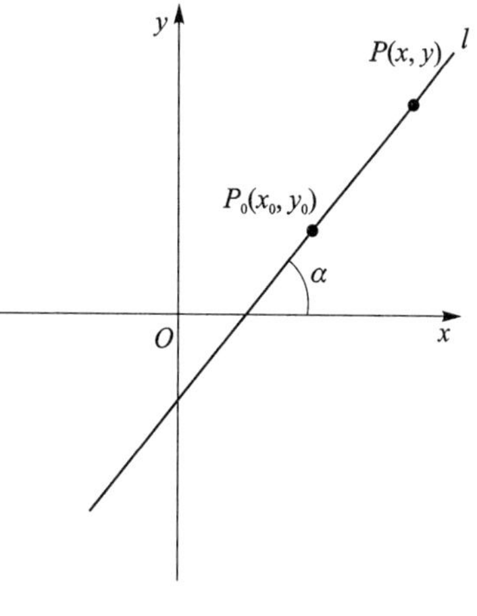

图 2－6

已知直线 l 经过点 $P_0(x_0, y_0)$，且斜率为 k，求直线 l 的方程，如图 2－6 所示.

设点 $P(x,y)$ 是 l 上不同于 P_0 的任意一点，因为 PP_0 的斜率等于直线 l 的斜率，所以由式(2－3)知

$$\tan\alpha=k=\frac{y-y_0}{x-x_0}\quad(x\neq x_0),$$

可化成

$$y-y_0=k(x-x_0).\qquad(2-4)$$

式(2－4)称为直线的点斜式方程.

提醒：(1) 当直线 l 的倾斜角为 0° 时，斜率 $k=\tan 0°=0$，这时，直线方程为 $y=y_0$. 当 $y_0=0$ 时，$y=$

0是表示 x 轴的方程．当 $k=0$ 时，过点 $P_0(x_0,y_0)$ 的直线 l 平行或重合于 x 轴，如图 2-7 所示．

(2) 当直线 l 的倾斜角为 90°时，斜率 k 不存在，因而直线 l 的方程不能用点斜式表示，但因为 l 上每一点的横坐标都等于 x_0，所以，它的方程是 $x=x_0$．当 $x_0=0$ 时，$x=0$ 是表示 y 轴的方程．当直线的倾斜角为 90°时，过点 $P_0(x_0,y_0)$ 的直线平行或重合于 y 轴，如图 2-8 所示．

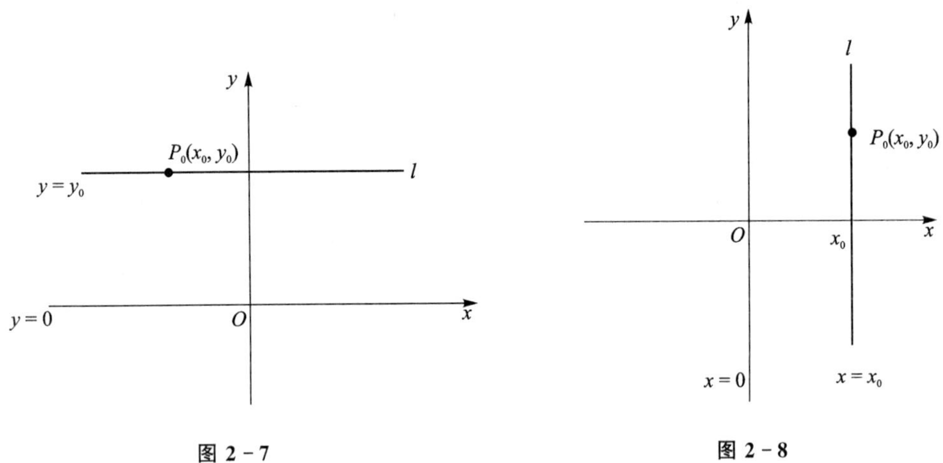

图 2-7　　　图 2-8

2. 斜截式方程

若直线 l 的斜率是 k，与 y 轴的交点是 $P_0(0,b)$，如图 2-9 所示．代入点斜式直线方程中，得直线 l 的方程为

$$y-b=k(x-0),$$

可化成

$$y=kx+b. \qquad (2-5)$$

式(2-5)称为直线的斜截式方程．

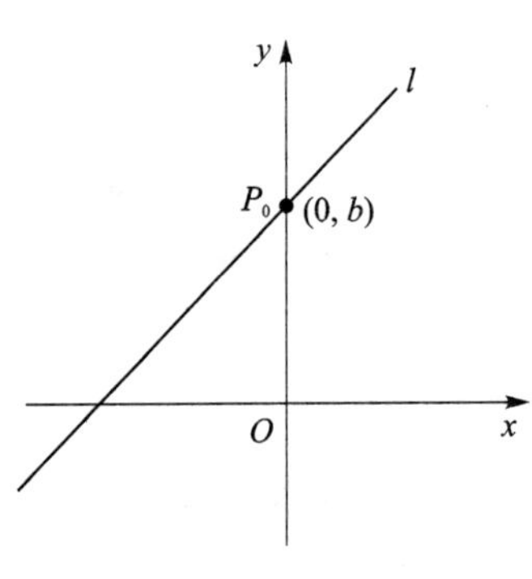

图 2-9

3. 两点式直线方程

若直线 l 经过两点 $M(x_1,y_1)$，$N(x_2,y_2)$ $(x_1\neq x_2)$，求直线 l 的方程．

因为直线 l 经过两点 $M(x_1,y_1)$，$N(x_2,y_2)$，并且 $x_1\neq x_2$，所以，它的斜率为

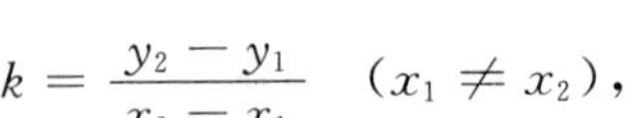

$$k=\frac{y_2-y_1}{x_2-x_1}\quad (x_1\neq x_2),$$

然后代入点斜式方程，得

$$y-y_1=\frac{y_2-y_1}{x_2-x_1}(x-x_1).$$

当 $y_1\neq y_2$ 时，方程化成

$$\frac{y-y_1}{y_2-y_1}=\frac{x-x_1}{x_2-x_1}. \qquad (2-6)$$

式(2-6)称为直线的两点式方程．

4. 一般式直线方程

前面介绍的几种形式的直线方程都可以化为关于 x，y 的二元一次方程：

$$Ax+By+C=0. \tag{2-7}$$

式(2-7)称为一般式直线方程. 式中,A,B,C 为任意常数,但 A 与 B 不能同时为 0.

★ 知识巩固

例 1 已知直线经过点 $A(-1,2)$,斜率为 $-\frac{1}{3}$,求直线的点斜式和一般式方程.

解 经过点 $A(-1,2)$,并且斜率等于 $-\frac{1}{3}$ 的直线方程的点斜式是

$$y-2=-\frac{1}{3}(x+1),$$

化为一般式方程

$$x+3y-5=0.$$

例 2 把直线方程 $3x-2y-6=0$ 化成斜截式,求出直线 l 的斜率和它在 x 轴与 y 轴上的截距,并画图.

解 将原方程移项,变为斜截式方程,得

$$y=\frac{3}{2}x-3,$$

于是,该直线的斜率为 $k=\frac{3}{2}$.

例 3 求与 y 轴交于点 $P(0,-3)$ 且倾斜角为 $\frac{\pi}{6}$ 的直线方程.

解 由题意知:$k=\tan\frac{\pi}{6}=\frac{\sqrt{3}}{3}$,$b=-3$.

再代入斜截式方程 $y=kx+b$ 知

$$y=\frac{\sqrt{3}}{3}x-3.$$

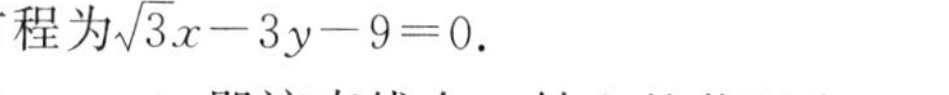
整理后得直线方程为 $\sqrt{3}x-3y-9=0$.

令 $x=0$,则 $y=-3$,即该直线在 y 轴上的截距为 -3.

令 $y=0$,则 $x=2$,即该直线在 x 轴上的截距为 2.

显然,直线 l:$3x-2y-6=0$ 与坐标轴的交点分别为 $A(2,0)$ 和 $B(0,-3)$

最后,通过 A,B 作直线,便得到 l 的图像(见图 2-10).

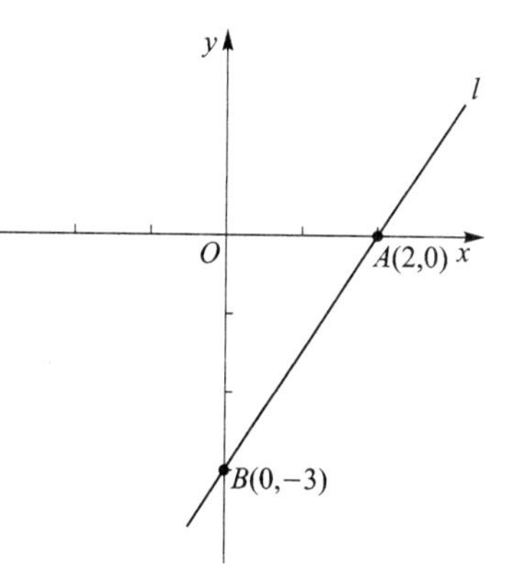

图 2-10

课堂练习 2.2.2

1. 判断点(1,2)和(2,3)是否在直线 $2x+3y-8=0$ 上.
2. 已知直线经过两点(−1,3)和(0,5),求该直线的方程.
3. 已知直线经过点 $A(-3,2)$,斜率为 $-\frac{3}{2}$,求直线的点斜式方程、斜截式方程和一般式方程.
4. 把直线 l 的方程 $2x-y+3=0$ 化成斜截式,求出直线 l 的斜率和它在 x 轴与 y 轴的截距,并画图.
5. 求满足下列条件的直线方程.

(1) 斜率 $k=\frac{1}{2}$,且过点(3,5);

(2) 过点(2,−1),倾斜角为 45°;

(3) 过点(5,−2),且平行于 y 轴;

(4) 在 y 轴上的截距为 6,斜率为 2;

(5) 在 x 轴上的截距为 3,倾斜角为 60°;

(6) 与坐标轴相交于 $A(4,0)$,$B(0,-7)$.

6. 求与两坐标轴围成的三角形周长为 24,且斜率为 $-\frac{1}{2}$ 的直线方程.

2.2.3 两条直线的位置关系

★ 新知识点

1. 两条直线的夹角

我们知道,两条直线 l_1 和 l_2 相交可以构成四个角. 为了区别这些角,规定:把直线 l_1 绕着直线 l_1 与 l_2 的交点,按逆时针方向旋转到与 l_2 重合时所转过的最小角,称为 l_1 到 l_2 的角.

在图 2-11 中,直线 l_1 到 l_2 的角是 θ_1,直线 l_2 到 l_1 的角是 θ_2,其中,$\theta_1+\theta_2=\pi$.

下面,我们讨论如何根据两条直线的斜率,求它们的夹角.

设两条直线方程分别是 $l_1:y=k_1x+b_1$;$l_2:y=k_2x+b_2$.

又设 l_1,l_2 的倾斜角分别为 α_1,α_2,那么

$$k_1=\tan\alpha_1, k_2=\tan\alpha_2.$$

由图 2-12 知:

$$\theta=\alpha_2-\alpha_1$$

所以

$$\tan\theta=\tan(\alpha_2-\alpha_1)=\frac{\tan\alpha_2-\tan\alpha_1}{1+\tan\alpha_2\cdot\tan\alpha_1}$$

即

$$\tan\theta=\frac{k_2-k_1}{1+k_1k_2}\qquad(k_1k_2\neq-1)$$

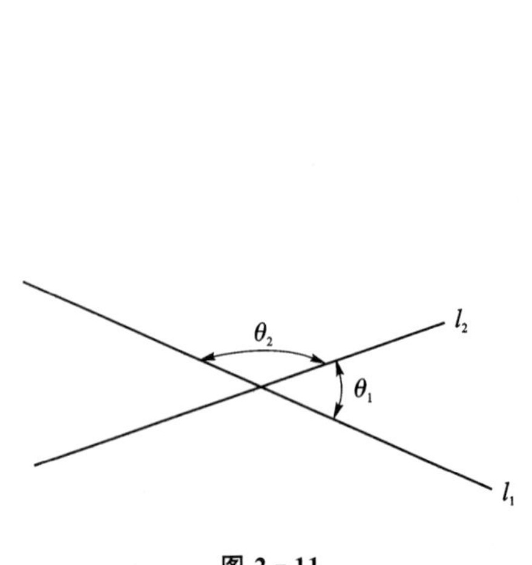

图 2-11

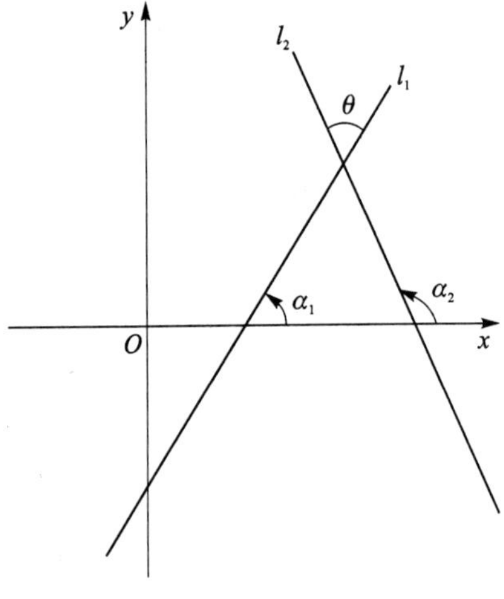

图 2-12

从一条直线到另一条直线的夹角,可能大于直角,也可能不大于直角,今后如未特别说明,一般把不大于直角的角称为两条直线的夹角.

可用式(2-8)进行计算.

$$\tan\theta=\left|\frac{k_2-k_1}{1+k_2k_1}\right|\qquad(k_1k_2\neq-1).\qquad(2-8)$$

提醒：当 $k_1k_2=-1$ 时，$\theta=\frac{\pi}{2}$.

2. 两条直线的平行与垂直

(1) 两条直线平行：如图 2 - 13 所示，设直线 l_1 和 l_2 的倾斜角分别为 α_1 和 α_2，斜率分别为 k_1 和 k_2.

如果 $l_1 /\!/ l_2$，则直线 l_1 与 l_2 的倾斜角相等，即 $\alpha_1=\alpha_2$，所以 $\tan\alpha_1=\tan\alpha_2$，即 $k_1=k_2$. 因此，若 $l_1 /\!/ l_2$，则 $k_1=k_2$.

反之，如果 $k_1=k_2$，且直线 l_1 与 l_2 不重合，则 $\alpha_1=\alpha_2$，从而 $l_1 /\!/ l_2$. 因此若 $k_1=k_2$，则 $l_1 /\!/ l_2$.

提醒：当直线 l_1 和 l_2 的斜率都不存在（即 $\alpha_1=\alpha_2=90^\circ$）且两直线不重合时，这两条直线都平行于 y 轴或与 y 轴重合，所以 $l_1 /\!/ l_2$（见图 2 - 14）.

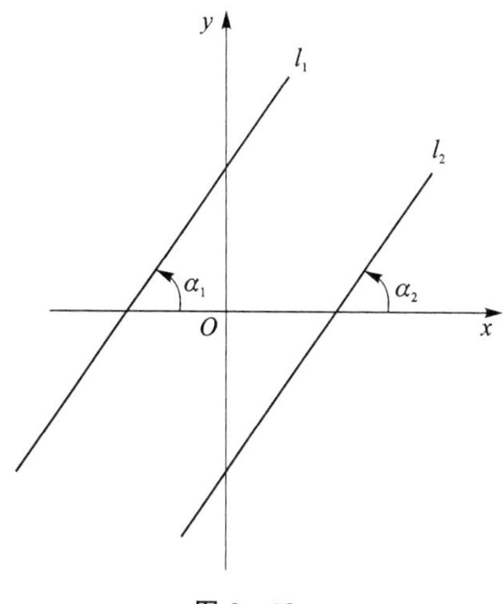

图 2 - 13

(2) 两条直线垂直：如图 2 - 15 所示，若 $l_1\perp l_2$，且 l_1 与 l_2 的斜率存在，设它们的斜率分别为 k_1，k_2，夹角为 θ.

因 $l_1\perp l_2$，故 $\theta=90^\circ$，此时，$\tan 90^\circ$无意义，而 $\cot\theta=\left|\frac{1+k_2k_1}{k_2-k_1}\right|=0$，则 $1+k_2k_1=0$.

故 $k_2\cdot k_1=-1$.

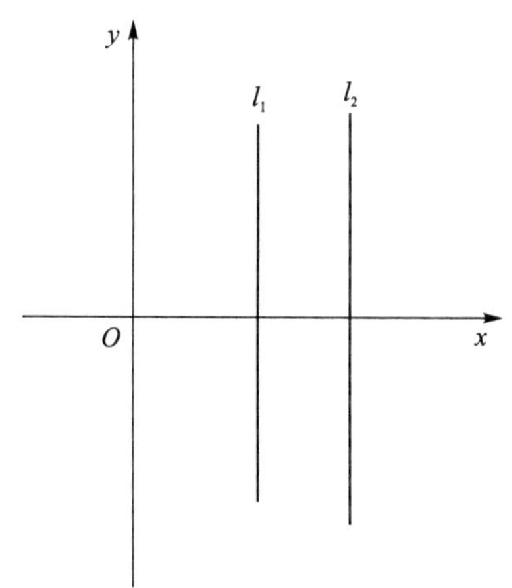

图 2 - 14

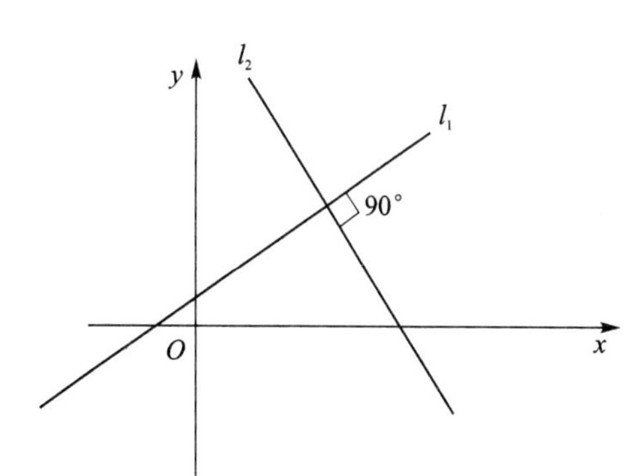

图 2 - 15

反之，若 $k_2\cdot k_1=-1$，即 $1+k_2\cdot k_1=0$，则有 $\theta=90^\circ$. 因此，$l_1\perp l_2$.

由此推出：当 $l_1\perp l_2$ 时，则 $k_2\cdot k_1=-1$；

当 $k_2\cdot k_1=-1$ 时，则 $l_1\perp l_2$.

(3) 两条直线的交点：设两条直线的方程为

$$l_1: A_1x+B_1y+C_1=0,\quad l_2: A_2x+B_2y+C_20=0.$$

显然,它们的交点应同时在直线 l_1 和 l_2 上,即交点的坐标必须同时满足上述两个方程. 反之,如果某一点的坐标同时满足这两个方程,则此点必是 l_1 和 l_2 的交点. 因此,要求 l_1 和 l_2 的交点,只需要把它们的方程联立求解.

方程组 $\begin{cases}A_1x+B_1y+C_1=0\\A_2x+B_2y+C_2=0\end{cases}$ 的解就是两条直线的交点坐标.

提醒: 如果上述方程组无解,则两条直线不相交;如果方程组有无穷多解,则两直线重合.

★ 知识巩固

例 1 求两直线 $l_1:2x+y-5=0$ 和 $l_2:x-y-3=0$ 的夹角.

解 两条直线的斜率分别为 $k_1=-2,k_2=1$,得

$$\tan\theta=\left|\frac{k_2-k_1}{1+k_2\cdot k_1}\right|=\left|\frac{-2-1}{1+(-2)}\right|=3.$$

所以 $\theta=71°34'$.

例 2 求过点 $A(1,-2)$ 且与直线 $x+2y+5=0$ 平行的直线方程.

解 已知直线的斜率是 $k=-\frac{1}{2}$. 因为所求直线与已知直线平行,因此,它的斜率也是 $-\frac{1}{2}$.

根据点斜式方程,得到所求直线的方程是

$$y+2=-\frac{1}{2}(x-1),$$

即

$$x+2y+3=0.$$

例 3 求过点 $(2,-1)$ 且与直线 $2x+y-5=0$ 垂直的直线 l 的方程.

解 直线 $2x+y-5=0$ 的斜率是 -2. 因为直线 l 与已知直线垂直,所以,它的斜率 $k=-\frac{1}{-2}=\frac{1}{2}$,根据点斜式直线方程,得所求直线的方程是

$$y+1=\frac{1}{2}(x-2),$$

即

$$x-2y-4=0.$$

例 4 求下列两条直线的交点.

$$l_1:3x+2y-2=0,\quad l_2:x+2y-2=0.$$

解 联立求解方程组 $\begin{cases}3x+2y-2=0,\\x+2y-2-0.\end{cases}$

得

$$\begin{cases}x=0,\\y=1.\end{cases}$$

所以,l_1 与 l_2 的交点是 $(0,1)$.

课堂练习 2.2.3

1. 求下列两条直线的夹角.

(1) $y=3x-1$, $y=-\frac{1}{3}x+4$;

(2) $x-y=5$, $y=4$.

2. 求过直线 $4x+3y+4=0$ 与 $5x+y-6=0$ 的交点，且与直线 $x-2y+5=0$ 垂直的直线方程.

3. 求经过原点且经过以下两条直线的交点的直线的方程.

$l_1:2x+y-3=0$，$l_2:4x-2y+1=0$.

4. 求下列各对直线的交点，并画图.

(1) $l_1:2x+3y=12$，$l_2:x-2y=4$；

(2) $l_1:x=2$，$l_2:3x+2y-12=0$.

5. 求过点$(-2,3)$且平行于过点$(1,2)$，$(5,4)$的直线方程.

6. 求满足下列条件的直线方程.

(1) 过点$(-1,2)$，且平行于直线 $y=4$；

(2) 过点$(0,-5)$，且垂直于直线 $2x-3y+2=0$；

(3) 过直线 $x-2y+1=0$ 和 $2x+y+1=0$ 的交点，且垂直于直线 $x-y-1=0$；

(4) 过点$(-1,2)$，且平行于过点$(-3,-1)$和$(3,5)$的直线.

2.2.4　点到直线的位置关系

★ 新知识点

下面来求点 $P_0(x_0,y_0)$ 到直线 $l:Ax+By+C=0$ 的距离 d. 如图 2-16 所示，作 $P_0M\perp l$，因为直线 l 的斜率为 $-\frac{A}{B}$，则垂线 P_0M 的斜率为 $\frac{B}{A}$，又因为，直线 P_0M 经过 $P_0(x_0,y_0)$，根据直线的点斜式方程，得 P_0M 的方程为

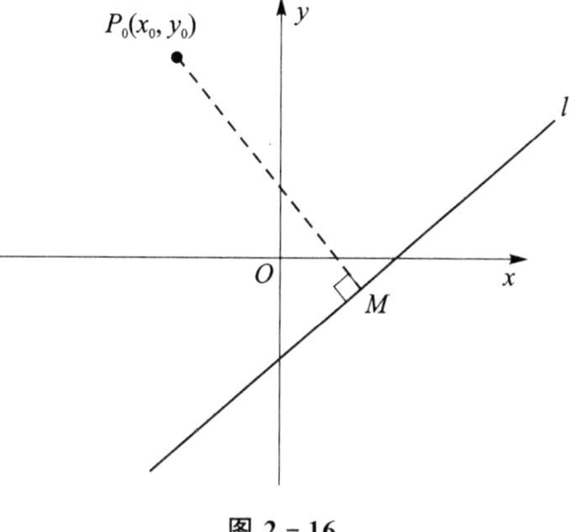

图 2-16

$$y-y_0=\frac{B}{A}(x-x_0),$$

可化成
$$Bx-Ay+(Ay_0-Bx_0)=0.$$

联立求解方程组
$$\begin{cases}Ax+By+C=0,\\ Bx-Ay+(Ay_0-Bx_0)=0.\end{cases}$$

得到垂足坐标为 $M(x,y)$.

$$x=\frac{B^2x_0-ABy_0-AC}{A^2+B^2},\quad y=\frac{-ABx_0+A^2y_0-BC}{A^2+B^2}.$$

根据两点间的距离公式，有

$$\begin{aligned}|P_0M|^2&=(x_0-x_1)^2+(y_0-y)^2\\&=\left[\frac{A(Ax_0+By_0+C)}{A^2+B^2}\right]^2+\left[\frac{B(Ax_0+By_0+C)}{A^2+B^2}\right]^2\\&=\frac{(Ax_0+By_0+C)^2}{A^2+B^2}.\end{aligned}$$

即
$$|P_0M|=\frac{|Ax_0+By_0+C|}{\sqrt{A^2+B^2}}.$$

因此,点 $P_0(x_0,y_0)$到直线 $l:Ax+By+C=0$ 的距离公式为

$$d=\frac{|Ax_0+By_0+C|}{\sqrt{A^2+B^2}}. \tag{2-9}$$

★ 知识巩固

例 1 求点 $P\left(-2,\frac{1}{2}\right)$到直线 $l:2x+y+4=0$ 的距离.

解 根据点到直线的距离公式知

$$d=\frac{\left|2\times(-2)+1\times\frac{1}{2}+4\right|}{\sqrt{2^2+1^2}}=\frac{\sqrt{5}}{10}.$$

例 2 求两条平行线 $3x-2y-1=0$ 和 $3x-2y+1=0$ 的距离.

解 在直线 $3x-2y-1=0$ 上任取一点,如 $P(1,1)$,则两条平行线间的距离就是点 P 到直线 $3x-2y+1=0$ 的距离,因此

$$d=\frac{|3\times1-2\times1+1|}{\sqrt{3^2+2^2}}=\frac{2\sqrt{13}}{3}.$$

课堂练习 2.2.4

1. 求下列点到直线的距离.

(1) $P(-3,2)$, l: $3x+4y-24=0$;

(2) $P(-3,4)$, l: $2x-y+4=0$.

2. 求平行直线 l_1: $2x-7y+8=0$ 和 l_2: $2x-7y-6=0$ 之间的距离.

3. 已知直线的斜角为 135°,原点到它的距离为 3,求这直线方程.

4. 试在直线 $5x-3y+15=0$ 上求一点,使它到 x 轴的距离等于到 y 轴的距离的$\frac{2}{3}$.

5. 已知等腰直角三角形的一条直角边的方程为 $x-2y+9=0$,这条直角边所对的顶点为$(3,-4)$,求该三角形斜边的方程和斜边上高的方程.

6. 已知点 P 是 y 轴上一点,且点 P 到直线 $3x-4y+6=0$ 的距离为 6,求点 P 的坐标.

2.3 圆的方程

2.3.1 圆的标准方程

★ 新知识点

在平面几何图形中,把在平面上到某定点距离等于定长的所有点构成的图形定义为圆,其中,定点称为圆心,定长称为半径.

下面,推导圆心为 $C(a,b)$,半径为 r 的圆的方程.

设 $p(x,y)$是圆上任意一点,根据圆的定义,点 $p(x,y)$到圆心 $C(a,b)$的距离等于半径 r(见图 2-17),由两点间的距离公式

得

$$r=\sqrt{(x-a)^2+(y-b)^2}.$$

两边平方，得$(x-a)^2+(y-b)^2=r^2$.　　(2-10)

式(2-10)称为圆的标准方程，圆心坐标 $C(a,b)$，半径为 r.

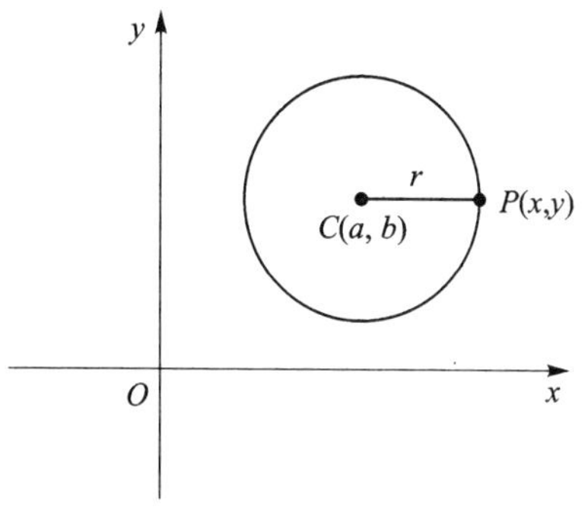

图 2-17

提醒：如果圆心在坐标原点，这时，$a=0$，$b=0$. 那么，圆的标准方程就是 $x^2+y^2=r^2$.

★ 知识巩固

例 1　写出圆心 $C(4,-2)$，半径为 4 的圆的标准方程.

解　把 $a=4$，$b=-2$，$r=4$ 代入圆的标准方程中，得

$$(x-4)^2+(y+2)^2=16.$$

例 2　已知圆的标准方程为：$(x-2)^2+(y+3)^2=10$，写出圆心的坐标和半径.

解　将方程$(x-2)^2+(y+3)^2=10$ 与$(x-a)^2+(y-b)^2=r^2$ 相比较，得

$$a=2,\ b=-3,\ r=\sqrt{10}.$$

所以，圆心坐标为$(2,-3)$，半径为 $\sqrt{10}$.

课堂练习 2.3.1

1. 写出下列各圆的方程.

(1) 圆心在原点，半径为 5；

(2) 圆心在 $C(2,3)$，半径为$\sqrt{5}$；

(3) 经过点 $P(5,1)$，圆心在 $C(8,-3)$.

2. 求以 $C(1,3)$为圆心，并且和直线 $5x+12y-15=0$ 相切的圆的方程.

3. 已知圆的方程是 $x^2+y^2=r^2$，求经过圆上一点 $M(x_0,y_0)$的切线方程.

4. 一直线的斜率为 2，并与圆 $x^2+y^2=5$ 相切，试求此直线方程.

5. 求平行于直线 $x+y-3=0$，并与圆 $x^2+y^2-6x-4y+5=0$ 相切的直线方程.

6. 圆与横轴相切于点 $A(2,0)$，且经过 $B(-1,3)$，求该圆的方程.

7. 求以点 $C(3,-5)$为圆心，以 6 为半径的圆的标准方程，并确定点 $P_1(4,-3)$，$P_2(3,1)$，$P_3(-3,-4)$与这个圆的位置关系.

8. 求过 $A(5,2)$，$B(-3,0)$两点，圆心在 y 轴上的圆的方程.

2.3.2　圆的一般方程

★ 新知识点

2.3.1 节介绍了圆的标准方程$(x-a)^2+(y-b)^2=r^2$. 其实，圆的方程还有另外一种形式.

把圆的标准方程$(x-a)^2+(y-b)^2=r^2$ 展开，得

$$x^2+y^2-2ax-2by+a^2+b^2-r^2=0.$$

即任何一个圆的方程都可以写成下列形式

$$x^2+y^2+Dx+Ey+F=0.\qquad(2-11)$$

式(2-11)称为圆的一般方程.

提醒:圆的方程可以表示为 $x^2+y^2+Dx+Ey+F=0$. 反过来,方程 $x^2+y^2+Dx+Ey+F=0$ 并不都能表示为一个圆.

将圆的一般方程 $x^2+y^2+Dx+Ey+F=0$ 配方,得

$$\left(x+\frac{D}{2}\right)^2+\left(y+\frac{E}{2}\right)^2=\frac{D^2+E^2-4F}{4}.$$

讨论:(1) 当 $D^2+E^2-4F>0$ 时,方程 $x^2+y^2+Dx+Ey+F=0$ 表示为一个以 $\left(-\frac{D}{2},-\frac{E}{2}\right)$为圆心,$\frac{1}{2}\sqrt{D^2+E^2-4F}$为半径的圆.

(2) 当 $D^2+E^2-4F=0$ 时,方程 $x^2+y^2+Dx+Ey+F=0$ 表示一个点$\left(-\frac{D}{2},-\frac{E}{2}\right)$, $r=0$.

(3) 当 $D^2+E^2-4F<0$ 时,方程 $x^2+y^2+Dx+Ey+F=0$ 不表示任何图形.

★ 知识巩固

例 1 将圆的标准方程$(x-5)^2+(y+2)^2=1$ 化为圆的一般方程形式.

解 将圆的标准方程展开,整理得

$$x^2+y^2-10x+4y+28=0.$$

例 2 判定方程 $x^2+y^2+2x-4y-4=0$ 表示的图形.

解 将方程 $x^2+y^2+2x-4y-4=0$ 配方,得

$$(x+1)^2+(y-2)^2=3^2.$$

所以,原方程表示的图形是圆心为$(-1,2)$,半径为 3 的圆.

例 3 下列方程是圆的方程吗? 若是,指出圆心坐标和半径.

(1) $x^2+y^2+4x-8y+11=0$;

(2) $x^2+y^2+4x-8y+20=0$;

(3) $x^2+y^2+4x-8y+25=0$.

解 (1) 因为 $D^2+E^2-4F=4^2+(-8)^2-4\times11=36>0$.

所以,原方程表示的是圆心$(-2,4)$,半径为 3 的圆.

(2) 因为 $D^2+E^2-4F=4^2+(-8)^2-4\times20=0$,

所以,原方程表示的是一个点,坐标为$(-2,4)$.

(3) 因为 $D^2+E^2-4F=4^2+(-8)^2-4\times25=-20<0$,

所以,原方程不是圆的方程,不表示任何图形.

课堂练习 2.3.2

1. 求下列各圆的圆心坐标和半径.

(1) $x^2+y^2-4x+6y+4=0$;

(2) $x^2+y^2-8y+12=0$.

2. 判定方程 $2x^2+2y^2+2x-2y-5=0$ 表示的图形.

3. 已知圆的方程:$(x-2)^2+(y+3)^2=4$,判断 $A(0,0)$,$B(2,-2)$,$C(4,-3)$在圆上、圆内还是圆外?

4. 求过点 $A(0,0)$,$B(1,1)$,$C(2,0)$的圆的方程.

2.3.3　直线与圆的位置关系

★ 新知识点

在平面图形中，一条直线与一个圆的位置关系有三种情况：相交、相切和相离.

一般地，关于直线 $Ax+By+C=0$ 和圆 $(x-a)^2+(y-b)^2=r^2$ 的位置关系，可由方程组

$$\begin{cases}Ax+By+C=0\\(x-a)^2+(y-b)^2=r^2\end{cases}$$

解的情况或圆心 $C(a,b)$ 到直线 $Ax+By+C=0$ 的距离

$$d=\frac{|Aa+Bb+C|}{\sqrt{A^2+B^2}}$$

来判别.

具体情况如下：

(1) 当 $d<r$ 或方程组有两组不同解时，直线与圆相交；

(2) 当 $d=r$ 或方程组有一组解时，直线与圆相切；

(3) 当 $d>r$ 或方程组无解时，直线与圆相离.

★ 知识巩固

例 1　判定直线 $y=x+1$ 与圆 $x^2+y^2-4x-4y+4=0$ 的位置关系.

解法(1)

联立求解方程组 $\begin{cases}y=x+1, & ①\\x^2+y^2-4x-4y+4=0. & ②\end{cases}$

把①代入②得

$$2x^2-6x+1=0.$$

$$\Delta=b^2-4ac=(-6)^2-4\times2\times1=28>0.$$

$\Delta>0$ 表示方程组有两组不同的解，所以，直线 $y=x+1$ 与圆 $x^2+y^2-4x-4y+4=0$ 是相交的.

解法(2)　将圆方程 $x^2+y^2-4x-4y+4=0$ 配方得

$$(x-2)^2+(y-2)^2=4.$$

于是，该圆的圆心 $C(2,2)$，半径 $r=2$.

圆心 C 到直线 $y=x+1$ 的距离为

$$d=\frac{|2-2+1|}{\sqrt{1+(-1)^2}}=\frac{\sqrt{2}}{2}<r.$$

所以，直线 $y=x+1$ 与圆 $x^2+y^2-4x-4y+4=0$ 相交.

例 2　求以点 $C(1,3)$ 为圆心，并且与直线 $3x-4y-7=0$ 相切的圆的方程.

解　已知圆心是 $C(1,3)$，那么只要再求出圆的半径 r 就可以写出圆的方程了.

因为圆 C 和直线 $3x-4y-7=0$ 相切，所以半径 r 等于圆心 C 到这条直线的距离，根据点到直线的距离公式，得

$$r=\frac{|3\times1-4\times3-7|}{\sqrt{3^2+(-4)^2}}=\frac{16}{5}.$$

因此,所求圆的方程是$(x-1)^2+(y-3)^2=\frac{256}{25}$.

课堂练习 2.3.3

1. 求下列各圆的方程.

(1) 圆心为$C(1,3)$,且与直线$5x+12y-15=0$相切;

(2) 过点$A(5,2)$和$B(3,-2)$,圆心在直线$2x-y=3$上.

2. 求直线$x-y+1=0$和圆$x^2+y^2=2$的交点,并说明它们的位置关系.

3. 求斜率为3且与圆$x^2+y^2=4$相切的直线方程.

4. 求过点$A(3,2)$,圆心在直线$y=2x$上,且与直线$y=2x+5$相切的圆的方程.

5. 已知直线$y=x+b$和圆$x^2+y^2=2$,问当b为何值时,直线与圆相交、相切和相离.

6. 填空题

(1) 过点$P(0,5)$,且与x轴相切于原点的圆的方程为________.

(2) 已知直线$x+5y+c=0$与圆$x^2+y^2=25$相切,则$c=$________.

(3) 圆$(x-2)^2+(y+3)^2=1$与圆$x^2+(y-9)^2=9$的圆心距$d=$________.

2.3.4 圆与圆的位置关系

★ 新知识点

通过前节介绍知道了直线与圆的位置关系以及如何判别直线与圆的位置关系. 本节将介绍圆与圆的位置关系以及判别方法.

1. 利用半径与圆心距之间的关系判别圆与圆的位置关系

设两圆C_1、C_2的半径分别为r_1,r_2,圆心距为d. 那么判别圆与圆的位置关系依据如下(见图2-18):

(1) 当$d>r_1+r_2$时,圆C_1与圆C_2相离

(2) 当$d=r_1+r_2$时,圆C_1与C_2相切.

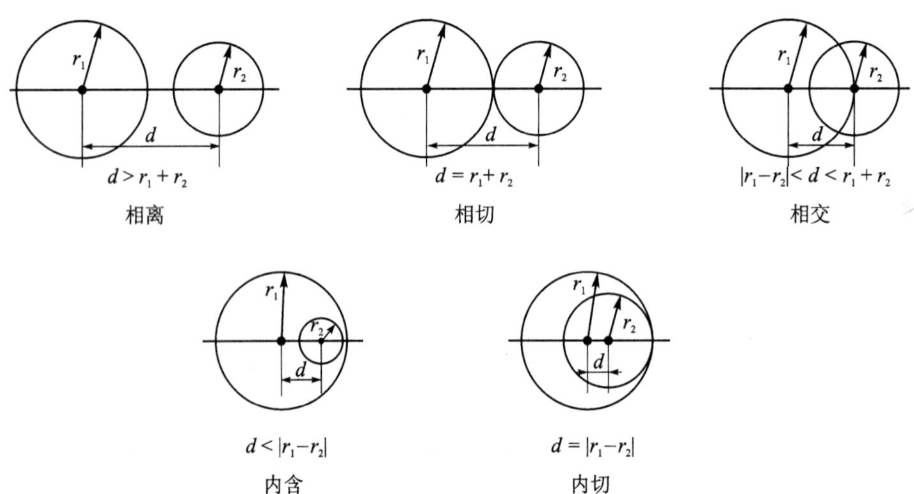

图2-18

(3) 当 $|r_1-r_r|<d<r_1+r_2$ 时，圆 C_1 与圆 C_2 相交.

(4) 当 $d=|r_1-r_2|$ 时，圆 C_1 与圆 C_2 内切.

(5) 当 $d<|r_1-r_2|$ 时，圆 C_1 与圆 C_2 内含.

2. 利用圆的方程来判别圆与圆的位置关系

已知两圆 C_1、C_2 的方程为

$$C_1:(x-a)^2+(y-b)^2=r_1^2,\quad C_2:(x-c)^2+(y-d)^2=r_2^2,$$

试判断两圆的位置关系.

联立方程组 $$\begin{cases}(x-a)^2+(y-b)^2=r_1^2 & ①\\(x-c)^2+(y-d)^2=r_2^2 & ②\end{cases}$$

将两式相减，消去 x^2，y^2，得到一个二元一次方程，然后代入其中一个圆的方程，又得到一个一元二次方程. 最后利用判别式 Δ 的值确定两圆的位置关系.

(1) 当 $\Delta>0$ 时，方程有两组不同的实数解，则两圆相交；

(2) 当 $\Delta=0$ 时，方程有一组实数解，则两圆相切(内切或外切)；

(3) 当 $\Delta<0$ 时，方程组无实数解，则两圆相离(外离或内含).

提醒：用该方法判别圆与圆的位置关系得不到确切的结论.

★ 知识巩固

例 1　判别下列两圆的位置关系.

(1) 圆 $C_1:(x+2)^2+(y-2)^2=1$，圆 $C_2:(x-2)^2+(y-5)^2=16$.

(2) 圆 $C_1:x^2+y^2+6x-7=0$，圆 $C_2:x^2+y^2+6y-27=0$.

解　(1) 两圆的圆心坐标分别为 $C_1(-2,2)$，$C_2(2,5)$.

两圆的圆心距　$d=\sqrt{[2-(-2)]^2+(5-2)^2}=5$.

两圆的半径分别为　$r_1=1$，$r_2=4$.

故　$d=r_1+r_2$.

所以，两圆外切.

(2) 将两圆方程化成标准方程，得

$$(x+3)^2+y^2=16,$$
$$x^2+(y+3)^2=36.$$

两圆的圆心坐标为 $C_1(-3,0)$，$C_2(0,-3)$.

两圆的圆心距为　$d=\sqrt{(0-3)^2+(3-0)^2}=3\sqrt{2}$.

两圆的半径分别为　$r_1=4$，$r_2=6$.

$\because$ $2=|r_1-r_2|<d<r_1+r_2=10$，

$\therefore$ 两圆相交.

例 2　设圆 C_1：$x^2+y^2+2x+8y-8=0$，圆 C_2：$x^2+y^2-4x-4y-2=0$，试判断两圆的位置关系.

解

联立方程组 $$\begin{cases}x^2+y^2+2x+8y-8=0, & ①\\x^2+y^2-4x-4y-2=0. & ②\end{cases}$$

由①－②得　$x+2y-1=0$，　③

把③代入①式得 $x^2-2x-3=0$. ④

$$\Delta=(-2)^2-4\times1\times(-3)=16>0.$$

所以方程④有两个不相等的实数根 x_1,x_2,把 x_1,x_2 代入③得 y_1,y_2.

所以,圆 C_1 与圆 C_2 有两个不同的交点 $A(x_1,y_1),B(x_2,y_2)$.

课堂练习 2.3.4

1. 填空题

设两圆的圆心距为 d,当 $d>r_1+r_2$ 时,两圆________;当 $d=r_1+r_2$ 时,两圆________,当 $|r_1-r_2|<d<r_1+r_2$ 时,两圆________;当 $d=|r_1-r_2|$ 时,两圆________,当 $d<|r_1-r_2|$ 时,两圆________.

2. 已知圆 C_1:$x^2+y^2-2mx+4y+m^2-5=0$,圆 C_2:$x^2+y^2+2x-2my+m^2-3=0$,问 m 为何值时,(1) 两圆相外切;(2) 圆 C_1 与圆 C_2 内含?

3. 判断圆 C_1:$x^2+y^2-4x+2y+4=0$ 和 C_2:$x^2+y^2+2x-6y-26=0$ 的位置关系.

4. 求和圆 $x^2+(y+3)^2=4$ 同心,且经过直线 $2x+4y-1=0$ 和 $x-y-2=0$ 的交点的圆的方程.

2.4 椭　圆

2.4.1 椭圆及标准方程

★ 新知识点

地球每时每刻都环绕太阳的轨道——椭圆上运行,太阳系的其他行星也如此. 太阳则位于椭圆的一个焦点上,如果这些行星运动的速度增大到某种程度,它们就会沿抛物线成双曲线运行. 人类发射人造地球卫星或人造行星就要遵循这个原理.

1. 椭圆的定义

如图 2-19 所示,在一块木板上固定两个图钉 F_1 及 F_2,然后取一条没有伸缩性的细绳套在上面,当细绳长度大于 F_1F_2 时,用铅笔尖把绳子拉紧,使笔尖在木板上慢慢移动,就可以画出一个椭圆. 由此我们给出椭圆的定义.

定义:我们把平面内与两个定点 F_1,F_2 距离的和等于常数(大于 $|F_1F_2|$)的点的轨迹叫作椭圆,这两个定点叫作椭圆的焦点,两焦点的距离叫作椭圆的焦距.

椭圆是一种常见的曲线,有着广泛的应用. 例如,汽车油罐横截面的轮廓,地球绕太阳运行的轨道等都是椭圆.

下面我们根据椭圆的定义,来求椭圆的标准方程.

2. 椭圆的标准方程

为了求椭圆方程,建立如图 2-20 所示的直角坐标系 xOy. 设点 $M(x,y)$ 是椭圆上任意一点,取焦距 $|F_1F_2|=2C$.

那么,焦点 F_1、F_2 的坐标分别为 $F_1(-c,0)$,$F_2(c,0)$.

又设 M 与 F_1 和 F_2 的距离之和等于常数 $2a$.

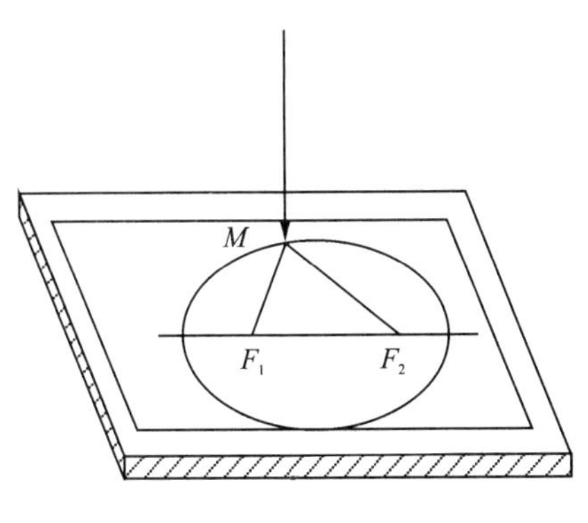

图 2-19

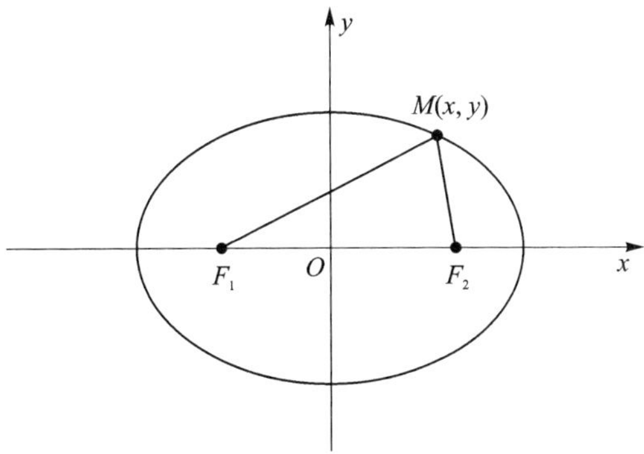

图 2-20

根据两点间的距离公式，得

$$\sqrt{(x+c)^2+y^2}+\sqrt{(x-c)^2+y^2}=2a,$$

化简得

$$(a^2-c^2)x^2+a^2y^2=a^2(a^2-c^2).$$

由椭圆的定义可知，$2a>2c$，即 $a>c$，所以 $a^2-c^2>0$.

将 $a^2-c^2=b^2(b>0)$ 代入上式，得

$$b^2x^2+a^2y^2=a^2b^2.$$

两边同除以 a^2b^2，得

$$\frac{x^2}{a^2}+\frac{y^2}{b^2}=1 \qquad (a>b>0). \tag{2-12}$$

式(2-12)就是椭圆的标准方程，其中，a,b,c 满足关系式 $a^2=b^2+c^2$.

假如焦点 F_1,F_2 在 y 轴上，点 F_1,F_2 的坐标变为 $F_1(0,-c)$，$F_2(0,c)$，如图 2-21 所示，那么将式(2-12)中的 x,y 互换，就可以得到它的标准方程

$$\frac{y^2}{a^2}+\frac{x^2}{b^2}=1 \qquad (a>b>0). \tag{2-13}$$

式(2-13)称为焦点在 y 轴上的椭圆的标准方程.

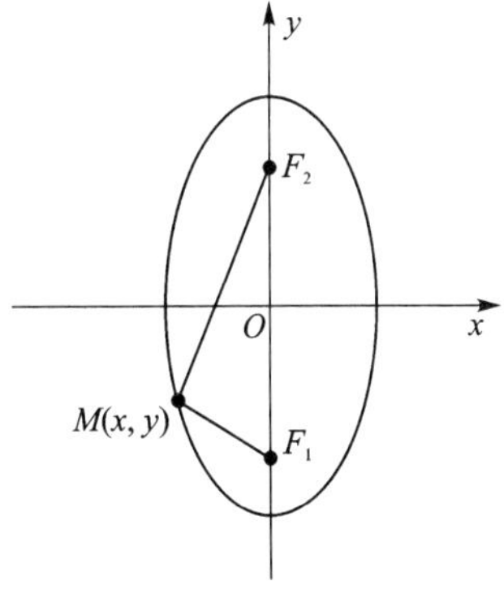

图 2-21

提醒：在椭圆的标准方程中，如果我们令 $a=b$，则方程变为 $\frac{x^2}{a^2}+\frac{y^2}{a^2}=1$，即 $x^2+y^2=a^2$. 由此可见，圆是椭圆的一个特例.

★ 知识巩固

例 1　设 M 为椭圆上的一点，M 到椭圆两焦点 F_1,F_2 距离之和为 10，焦点坐标分别为 $F_1(-3,0)$，$F_2(3,0)$，求该椭圆的标准方程.

解　由题意知，椭圆的焦点在 x 轴上.

设椭圆的标准方程为

$$\frac{x^2}{a^2}+\frac{y^2}{b^2}=1 \qquad (a>b>0).$$

$\because$ $2a=10$，$2c=6$，

$\therefore\ a=5, c=3, b^2=a^2-c^2=25-9=16.$

故该椭圆的标准方程为

$$\frac{x^2}{25}+\frac{y^2}{16}=1.$$

例 2 已知椭圆经过点 $M(2,3)$,且 $a=2b$,焦点在 y 轴上,求椭圆的标准方程.

解 依题意,焦点在 y 轴上,故设椭圆方程为

$$\frac{x^2}{b^2}+\frac{y^2}{a^2}=1 \qquad (a>b>0).$$

将已知条件 $M(2,3)$,$a=2b$ 代入上式中,

$$\frac{2^2}{b^2}+\frac{3^2}{(2b)^2}=1.$$

故

$$b^2=\frac{25}{4},\ a^2=25.$$

所以该椭圆的标准方程为

$$\frac{x^2}{\frac{25}{4}}+\frac{y^2}{25}=1.$$

例 3 已知椭圆的两个焦点坐标分别为 $F_1(-5,0)$,$F_2(5,0)$,且 $2a=2b$,求椭圆的标准方程.

解 依题意可知,椭圆的焦点在 x 轴上,故设它的标准方程为

$$\frac{x^2}{a^2}+\frac{y^2}{b^2}=1 \quad (a>b>0).$$

由于

$$c=5, a=13.$$

根据 $c^2=a^2-b^2$ 得

$$b^2=a^2-c^2=13^2-5^2=12^2.$$

于是,所求椭圆的标准方程为

$$\frac{x^2}{13^2}+\frac{y^2}{12^2}=1.$$

课堂练习 2.4.1

1. 平面内有两个定点的距离是 8,写出到这两个定点的距离之和是 10 的点的轨迹的标准方程.

2. 写出中心在原点且经过点 $M(-2\sqrt{2},0)$ 和 $N(0,\sqrt{5})$ 的椭圆的标准方程.

3. 椭圆的两点顶点为$(\pm 4,0)$,一个焦点为$(2,0)$,求椭圆的标准方程.

4. 椭圆的中心在原点,对称轴重合于坐标轴,长轴为短轴的 3 倍,并经过点 $A(3,0)$,求椭圆的标准方程.

5. 若椭圆 $\frac{x^2}{m^2}+\frac{y^2}{4}=1$ 过点$(-2,\sqrt{3})$,求椭圆的焦距.

6. 两个焦点坐标分别是$(3,0)$,$(-3,0)$,椭圆经过点$(5,0)$,求椭圆的标准方程.

7. 求经过 $A(\sqrt{3},-2)$ 和 $B(-3\sqrt{3},1)$ 两点的椭圆的标准方程.

8. 求满足下列条件的椭圆的标准方程.

(1) $a=4,b=1$,焦点在 x 轴上;

(2) $a=\sqrt{13},c=\sqrt{3}$,焦点在 y 轴上;

(3) $a+b=10,c=2\sqrt{5}$;

(4) 两个焦点的坐标分别为$(0,-2),(0,2)$,且经过点$\left(-\frac{3}{2},\frac{5}{2}\right)$.

2.4.2　椭圆的几何性质

★ 新知识点

研究椭圆的几何性质,主要是讨论椭圆的范围、对称性、顶点、离心率等内容.

1. 椭圆的几何性质

(1) 范围:由椭圆的标准方程$\frac{x^2}{a^2}+\frac{y^2}{b^2}=1$知

$$\begin{cases} x=\pm\frac{a}{b}\sqrt{b^2-y^2}, & ① \\ y=\pm\frac{b}{a}\sqrt{a^2-x^2}. & ② \end{cases}$$

① 式中要使 x 有意义,则 $b^2-y^2\geqslant 0$,即$-b\leqslant y\leqslant b$.

② 式中要使 y 有意义,则 $a^2-x^2\geqslant 0$,即$-a\leqslant x\leqslant a$.

由此可知,椭圆位于直线 $x=\pm a,y=\pm b$ 所围成的矩形内,如图 2-22 所示.

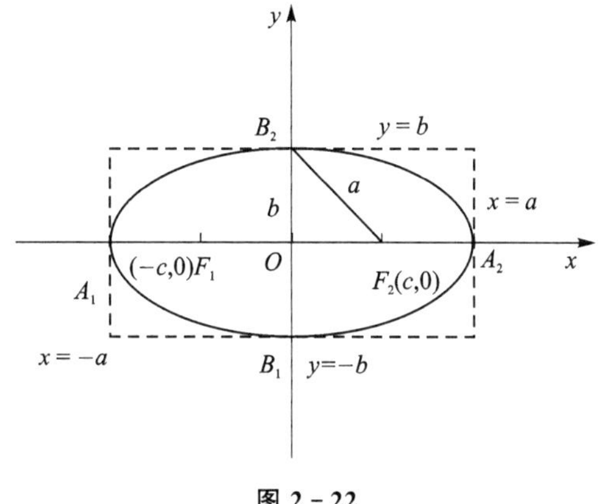

图 2-22

(2) 对称性:在椭圆的标准方程中,不管焦点在 x 轴还是 y 轴上,把 x 换 y,或把 y 换成 x,或把 x 换成$-x$,y 换成$-y$,方程都不变,所以,椭圆的图形是关于 x 轴、y 轴和原点都是对称的. 两条坐标轴 x 轴、y 轴是椭圆的对称轴,椭圆的中心为坐标原点.

(3) 顶点:由图 2-22 知椭圆的四个顶点坐标分别为 $A_1(-a,0),A_2(a,0),B_1(0,-b),B_2(0,b)$. 同时,我们把 A_1A_2 和 B_1B_2 分别称为椭圆的长轴和短轴,它们的长分别为 $2a,2b$;a,b 分别称为椭圆的短半轴.

(4) 离心率:椭圆的焦距与长轴的比

$$e=\frac{2c}{2a}=\frac{c}{a}$$

称为椭圆的离心率. 因为 $a>c>0$,所以$0<e<1$,e 的值决定着椭圆的扁平程度. 当 $e=\frac{c}{a}$的值愈接近于 1 时,$\frac{b}{a}$愈接近于 0,椭圆就愈扁;当$\frac{c}{a}$的值愈接近于 0 时,$\frac{b}{a}$的值愈接近于 1,椭圆愈接近于圆.

2. 椭圆的作图

画椭圆的图像,除了采用常用的描点法外,通常还结合椭圆的几何性质.

具体步骤如下：

(1) 将方程化成标准方程$\frac{x^2}{a^2}+\frac{y^2}{b^2}=1$.

(2) 作出由直线 $x=a$, $x=-a$, $y=b$ 及 $y=-b$ 所围成的矩形.

(3) 由 $y=\frac{b}{a}\sqrt{a^2-x^2}$求出几个满足 $0\leqslant x\leqslant a$ 的 x 值，算出对应的 y 值，用描点法作出椭圆在第 1 象限内的图形.

(4) 利用椭圆的对称性，画出椭圆.

提醒：(1) 利用椭圆的标准方程和几何性质解题时，首先要判断焦点在哪个坐标轴上.

(2) 椭圆的标准方程中的“标准”指的是中心在原点，对称轴为坐标轴.

★ 知识巩固

例 1 已知椭圆的长轴长与短轴长的比为 4∶3，求其离心率.

解 由已知，$2a:2b=4:3$，即 $a:b=4:3$.

可设 $a=4m$, $b=3m$, $(m>0)$,

则 $c=\sqrt{(4m)^2-(3m)^2}=\sqrt{7}m$.

故 $e=\frac{\sqrt{7}m}{4m}=\frac{\sqrt{7}}{4}$.

例 2 求椭圆 $9x^2+25y^2=225$ 的长轴、短轴、顶点坐标以及焦点坐标.

解 将所给方程两端除以 225 化成

$$\frac{x^2}{25}+\frac{y^2}{9}=1,$$

即

$$\frac{x^2}{5^2}+\frac{y^2}{3^2}=1.$$

于是：长半轴 $a=5$，则长轴 $2a=10$；

短半轴 $b=3$，则短轴 $2b=6$.

四个顶点坐标 $A_1(-5,0)$, $A_2(5,0)$, $B_1(0,-3)$, $B_2(0,3)$.

因为 $c=\sqrt{a^2-b^2}=\sqrt{25-9}=4$,

所以所求焦点为 $F_1(-4,0)$ 和 $F_2(4,0)$.

课堂练习 2.4.2

1. 已知椭圆的离心率为$\frac{3}{5}$，焦距与长轴之和为 32，求椭圆的标准方程并作图.

2. 已知椭圆的焦距是 6，离心率为 0.75，试求椭圆的标准方程.

3. 求椭圆 $16x^2+25y^2=400$ 的长轴、短轴、焦点以及顶点的坐标.

4. 作出椭圆 $4x^2+9y^2=25$ 的图像.

5. 求满足下列条件的椭圆的标准方程.

(1) 长轴长和短轴长分别为 8，6，焦点在 x 轴上；

(2) 经过点 $A(2,0)$, $B(0,3)$；

(3) 一焦点坐标为$(-3,0)$，一顶点坐标为$(0,5)$；

(4) 焦距为 12，离心率为 0.6，焦点在 x 轴上.

2.5　双曲线

2.5.1　双曲线及标准方程

★ 新知识点

双曲线也是一种常见的二次曲线，在许多领域都有着广泛的用途．特别是由双曲线生成的曲面具有良好的抗压能力，被广泛用于多类工程设计中，能节省大量的建筑材料，进而减少投资，降低成本．例如，许多水电站的拦江大坝就是采用的双曲面拱坝．

1．双曲线的定义

定义：把平面内与两个定点 F_1，F_2 的距离差的绝对值等于常数（小于 $|F_1F_2|$）的点的轨迹叫作双曲线，这两个定点叫作双曲线的焦点，两焦点的距离叫作双曲线的焦距．

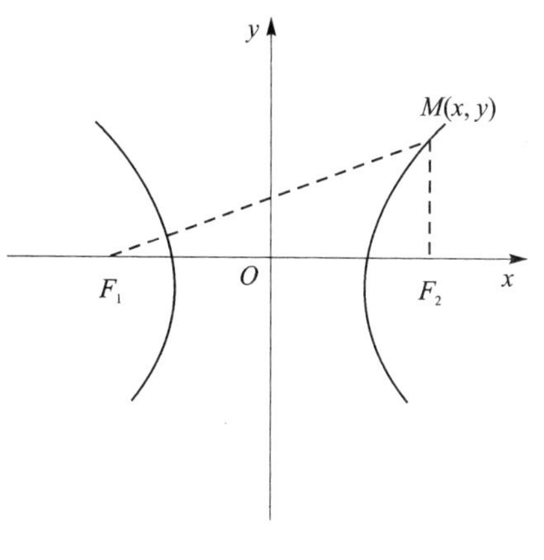

图 2－23

下面我们仿照求椭圆的标准方程的做法，求双曲线的标准方程．

2．双曲线的标准方程

建立如图 2－23 所示的直角坐标系，F_1，F_2 在 x 轴上，且线段 F_1F_2 的中点与直角坐标系的原点相重合．

设 $M(x,y)$为双曲线上任意一点，焦距为 $2c$ $(c>0)$，两焦点坐标为 $F_1(-c,0)$，$F_2(c,0)$．

根据双曲线的定义，得方程

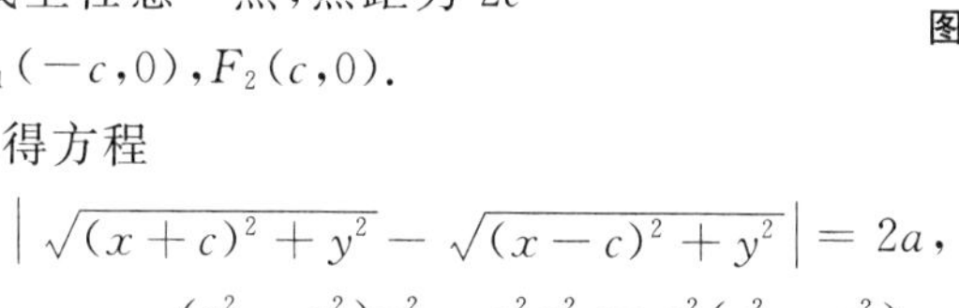

$$\left|\sqrt{(x+c)^2+y^2}-\sqrt{(x-c)^2+y^2}\right|=2a,$$

化简得

$$(c^2-a^2)x^2-a^2y^2=a^2(c^2-a^2).$$

由于 $2c>2a$，即 $c>a$，

所以 $c^2-a^2>0$．　①

令 $b^2=c^2-a^2(b>0)$，

代入①式得 $b^2x^2-a^2y^2=a^2y^2$．

两边同除以 a^2b^2，得

$$\frac{x^2}{a^2}-\frac{y^2}{b^2}=1 \qquad (a>0,b>0). \quad (2-14)$$

式(2－14)称为焦点在 x 轴上的双曲线的标准方程．式中，a，b，c 满足关系式 $b^2=c^2-a^2$．

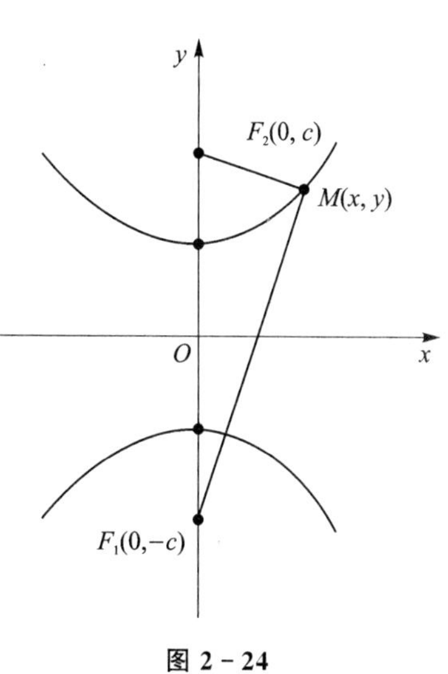

图 2－24

如果双曲线的焦点在 y 轴上，焦点为 $F_1(0,-c)$，$F_2(0,c)$，如图 2－24 所示．

双曲线的标准方程则为

$$\frac{y^2}{a^2}-\frac{x^2}{b^2}=1 \qquad (a>0,b>0). \quad (2-15)$$

★ 知识巩固

例 1 设双曲线的焦点坐标为 $F_1(10,0)$,$F_2(-10,0)$,双曲线上一动点 $M(x,y)$到两焦点的距离之差是 12,求该双曲线的标准方程.

解 依题意知,焦点在 x 轴上,故设方程为

$$\frac{x^2}{a^2}-\frac{y^2}{b^2}=1.$$

由已知条件知:$2a=12$,$a=6$,$c=10$.
于是 $b^2=c^2-a^2=10^2-6^2=100-36=64$.
所以,双曲线的标准方程为

$$\frac{x^2}{6^2}-\frac{y^2}{8^2}=1.$$

例 2 一双曲线的焦点在 y 轴上,且该双曲线经过点 $A(1,1)$和点 $B(-2,5)$,求双曲线的标准方程.

解 因双曲线的焦点在 y 轴上,所以,设双曲线的标准方程为

$$\frac{y^2}{a^2}-\frac{x^2}{b^2}=1.$$

$\because$ $A(1,1)$和 $B(-2,5)$在双曲线上.

$$\therefore \begin{cases}\dfrac{1}{a^2}-\dfrac{1}{b^2}=1,\\[2mm] \dfrac{5^2}{a^2}-\dfrac{(-2)^2}{b^2}=1.\end{cases}$$

解得 $a^2=-7$,$b^2=-\dfrac{7}{8}$(舍去).

故所求双曲线的标准方程为

$$\frac{x^2}{\frac{7}{8}}-\frac{y^2}{7}=1.$$

例 3 求双曲线$\dfrac{x^2}{10}-\dfrac{y^2}{5}=1$ 的焦点坐标.

解 因为方程中 x^2 项的系数为正,所以,双曲线的焦点在 x 轴上,故

$$a^2=10, b^2=5.$$

又 $$c^2=a^2+b^2,$$

所以 $$c=\sqrt{a^2+b^2}=\sqrt{10+5}=\sqrt{15}.$$

因此,双曲线的焦点坐标为 $F_1(-\sqrt{15},0)$,$F_2(\sqrt{15},0)$.

课堂练习 2.5.1

1. 如果双曲线 $4x^2-y^2=64$ 上一点 P 到焦点 F_1 的距离为 1,求 P 点到另一个焦点 F_2 的距离.

2. 已知 F_1,F_2 为双曲线$\dfrac{x^2}{25}-\dfrac{y^2}{9}=1$ 的两个焦点且点 P 的坐标为(0,1),求$\triangle PF_1F_2$ 的面积.

3. 双曲线 $8kx^2-ky^2=8$ 的一个焦点是(0,3)，求 k 的取值.

4. 设双曲线的焦点是 $F_1(0,\sqrt{13})$，$F_2(0,-\sqrt{13})$，且 $a=2$，求双曲线的标准方程.

5. 求与双曲线 $\frac{x^2}{16}-\frac{y^2}{4}=1$ 有公共焦点，且过点 $(3\sqrt{2},2)$ 的双曲线的标准方程.

6. 求满足下列条件的双曲线的标准方程.

(1) $a=4$，$b=2$；

(2) $a=5$，$c=8$；

(3) 焦点在 x 轴上，经过点 $(-\sqrt{2},-\sqrt{3})$，$\left(\frac{\sqrt{15}}{5},\sqrt{2}\right)$；

(4) 两个焦点的坐标分别为 $(0,-6)$，$(0,6)$，且经过点 $(2,-5)$.

2.5.2　双曲线的几何性质

★ 新知识点

双曲线的几何性质

下面以焦点在 x 轴上的双曲线的标准方程 $\frac{x^2}{a^2}-\frac{y^2}{b^2}=1(a>0,b>0)$ 为例，研究双曲线的几何性质.

(1) 范围：由方程 $\frac{x^2}{a^2}-\frac{y^2}{b^2}=1$ 可以得到 $y=\pm\frac{b}{a}\sqrt{x^2-a^2}$.

要使 y 有意义，必须满足 $x^2-a^2\geqslant 0$，即 $x\geqslant a$ 或 $x\leqslant -a$. 这说明在直线 $x=-a$ 与 $x=a$ 之间的区域内，是没有双曲线的，如图 2-25 所示.

(2) 对称性：从双曲线的标准方程可以看出，双曲线与椭圆一样，图像关于 x 轴、y 轴和原点都是对称的，两条坐标轴为双曲线的对称轴，双曲线的对称中心点为坐标原点.

(3) 顶点：在方程 $\frac{x^2}{a^2}-\frac{y^2}{b^2}=1$ 中令 $y>0$，则 $x=\pm a$. 双曲线与 x 轴的交点 $A_1(a,0)$，$A_2(-a,0)$，称为双曲线的顶点，把线段 $A_1A_2=2a$ 叫作双曲线的实轴.

在方程 $\frac{x^2}{a^2}-\frac{y^2}{b^2}=1$ 中令 $x=0$，则 $y^2=-b^2$，这说明双曲线与 y 轴不能相交.

在 y 轴上取 $B_1(0,-b)$，$B_2(0,b)$，线段 $B_1B_2=2b$ 叫作双曲线的虚轴.

提醒：(1) 双曲线的焦点在实轴上；

(2) a，b，c 三者之间满足关系式 $a^2+b^2=c^2$；

(3) 双曲线的焦点和顶点总是在同一条对称轴上；

(4) 渐近线：经过顶点 A_1，A_2 作直线 $x=\pm a$，过点 B_1B_2 作直线 $y=\pm b$，它们围成一个矩形，如图 2-26 所示. 矩形的两条对角线为 $y=\pm\frac{b}{a}x$，由此可见，双曲线图像局限在两条对角线之内，$y=\pm\frac{b}{a}x$ 称为双曲线的渐近线.

提醒：若焦点在 y 轴上的双曲线 $\frac{y^2}{a^2}-\frac{x^2}{b^2}=1$，其渐近线方程为 $y=\pm\frac{a}{b}x$.

(5) 离心率：双曲线的焦距与实轴之比

$$e=\frac{2c}{2a}=\frac{c}{a}$$

叫作双曲线的离心率．由于 $c>a>0$，所 $e>1$.

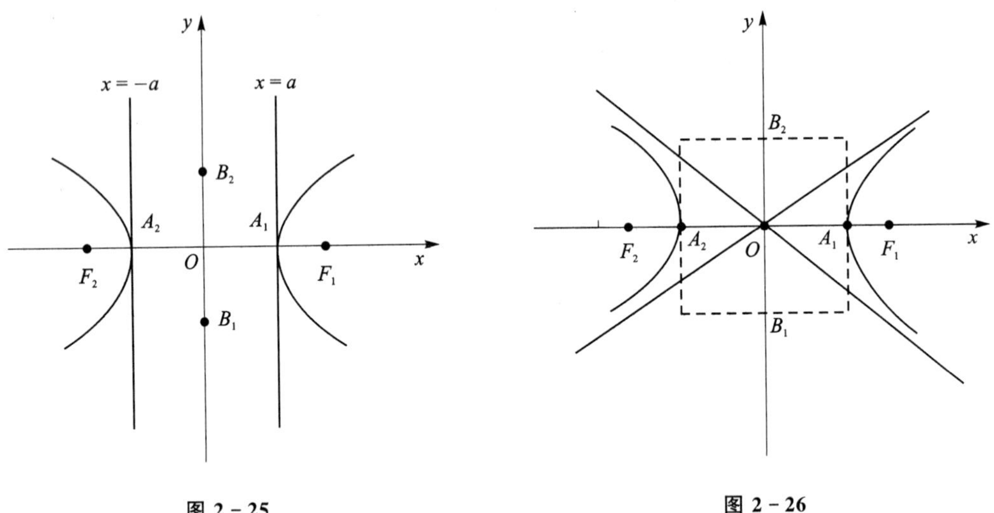

图 2－25　　　　图 2－26

★ 知识巩固

例 1　已知双曲线经过点 $M\left(\frac{9}{2},-1\right)$ 且两条渐近线方程是 $y=\pm\frac{2}{3}x$，求双曲线的标准方程.

解　应先判断该双曲线的焦点是在 x 轴上，还是在 y 轴上.

当 $x=\frac{9}{2}$ 时，由 $y=\frac{2}{3}x$，得 $y=3$；由 $y=-\frac{2}{3}x$，得 $y=-3$.

而点 M 的纵坐标为 -1，且 $-3<-1<3$.

故该双曲线的焦点在 x 轴上.

所以，设其方程为 $\frac{x^2}{a^2}-\frac{y^2}{b^2}=1$，则

$$\begin{cases}\frac{b}{a}=\frac{2}{3},\\ \frac{\left(\frac{9}{2}\right)^2}{a^2}-\frac{(-1)^2}{b^2}=1.\end{cases}$$

解得

$$a^2=18,\quad b^2=8.$$

因此，$\frac{x^2}{18}-\frac{y^2}{8}=1$ 为所求双曲线的标准方程.

例 2　已知双曲线实轴长为 10，虚轴长为 8，焦点在 x 轴上，求双曲线的标准方程.

解　因为焦点在 x 轴上，设双曲线的标准方程为 $\frac{x^2}{a^2}-\frac{y^2}{b^2}=1$.

又由已知条件知，$2a=10$，$2b=8$，即

$$a=5,\quad b=4.$$

则

$$c=\sqrt{a^2+b^2}=\sqrt{5^2+4^2}=\sqrt{41}.$$

所以，所求双曲线的标准方程为$\frac{x^2}{25}-\frac{y^2}{16}=1$.

课堂练习 2.5.2

1. 求双曲线 $9y^2-16x^2=144$ 的实半轴长和虚半轴长、焦点坐标、离心率以及渐近线方程.

2. 双曲线$\frac{x^2}{25}-\frac{y^2}{9}=1$的两焦点为 F_1，F_2，此双曲线上一点 P 到 F_1 的距离为 12，求点 P 到 F_2 的距离.

3. 求实轴长是 10，焦点分别为 $F_1(0,-\sqrt{29})$，$F_2(0,\sqrt{29})$的双曲线方程.

4. 已知中心在原点，焦点在 x 轴上的双曲线的一条渐近线为 $y=\frac{2}{3}x$，求离心率 e.

5. 求双曲线 $y^2-4x^2=1$ 的实半轴长、虚半轴长、焦点坐标、离心率以及渐近线方程.

6. 求满足下列条件的双曲线方程.

(1) 实轴长与虚轴长相等，且一个焦点的坐标为$(-6,0)$；

(2) 离心率 $e=\sqrt{2}$，过点$(3,1)$；

(3) 焦点在 y 轴上，焦距为 16，离心率为$\frac{4}{3}$；

(4) 渐近线方程为 $y=\pm\frac{3}{4}x$，焦点坐标为 $F_1(-5,0)$，$F_2(5,0)$.

2.6　抛物线

2.6.1　抛物线及标准方程

★ 新知识点

抛物线也是一种常见的二次曲线. 例如，雷达接收天线、汽车车灯的反光曲面就是由一条抛物线按一定方式旋转而成的；又如河北省赵县的赵州桥的桥拱就是一条抛物线.

1. 抛物线的定义

定义：平面内与一个定点 F 和一条定直线 l 的距离相等的点的轨迹叫作抛物线，点 F 叫作抛物线的焦点，定直线 l 叫作抛物线的准线.

2. 抛物线的标准方程

如图 2－27 所示，建立直角坐标系 xOy，使 x 轴经过点 F 且垂直于直线 l，垂足为 N，并使原点与线段 NF 的中点重合.

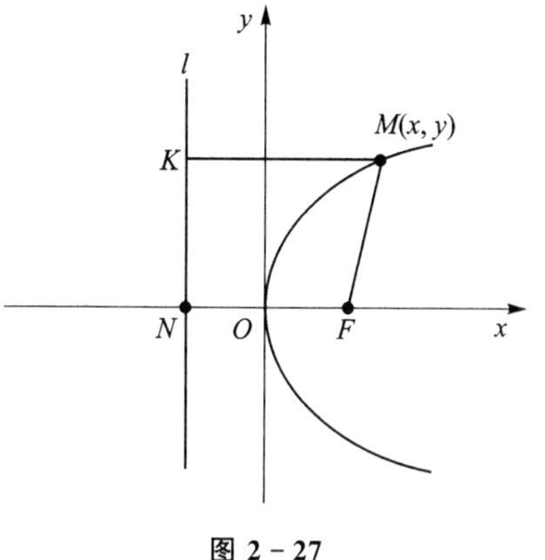

图 2－27

取 $|NF|=p\ (p>0)$，那么焦点 F 的坐标为$\left(\frac{p}{2},0\right)$，准线 l 的方程为 $x=-\frac{p}{2}$.

设 $M(x,y)$是抛物线上任意一点并作 $MK\perp l$.

由抛物线的定义知 $|MK|=|MF|$,

又因为 $$|MF|=\sqrt{\left(x-\frac{p}{2}\right)^2+y^2},\quad |MK|=\left(x+\frac{p}{2}\right).$$

所以 $$\sqrt{\left(x-\frac{p}{2}\right)^2+y^2}=\left|x+\frac{p}{2}\right|,$$

化简即得

$$y^2=2px\qquad(p>0).\tag{2-16}$$

式(2-16)称为抛物线的标准方程,它表示抛物线的焦点 $F\left(\frac{p}{2},0\right)$ 在 x 轴的正半轴上,准线方程为 $x=-\frac{p}{2}$. 其中,$p(p>0)$表示焦点到准线的距离.

如果焦点为 $\left(-\frac{p}{2},0\right)$,准线为 $x=\frac{p}{2}$,则抛物线如图 2-28 所示,其标准方程为

$$y^2=-2px\qquad(p>0).\tag{2-17}$$

如果焦点在 y 轴上,且焦点坐标为 $\left(0,\frac{p}{2}\right)$,准线方程 $y=-\frac{p}{2}$,如图 2-29 所示. 那么,抛物线的标准方程为

$$x^2=2py\qquad(p>0).\tag{2-18}$$

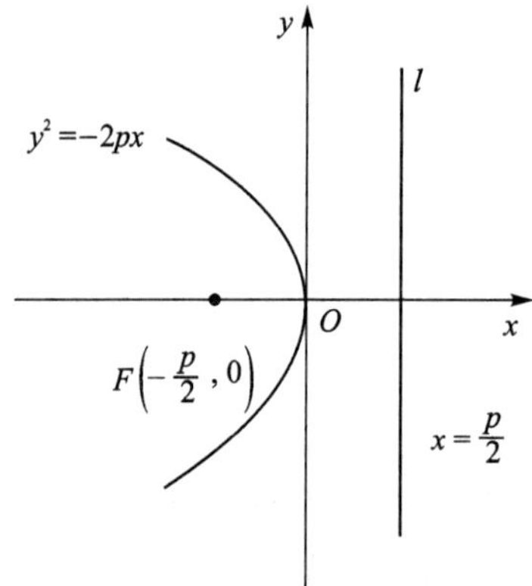

图 2-28

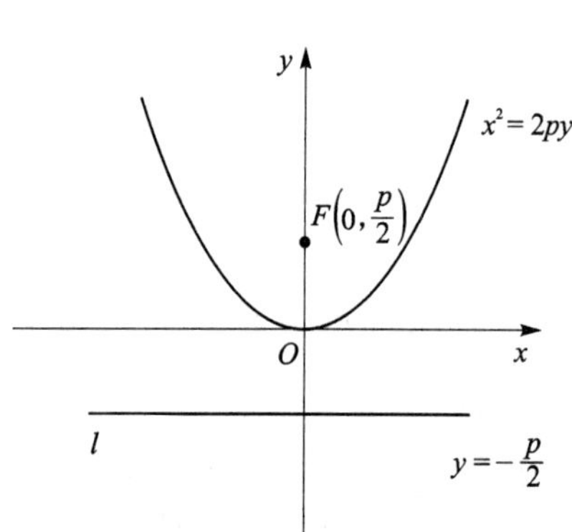

图 2-29

如果焦点为 $F\left(0,-\frac{p}{2}\right)$,准线 $y=\frac{p}{2}$,如图 2-30所示. 那么抛物线的标准方程为

$$x^2=-2py\qquad(p>0).\tag{2-19}$$

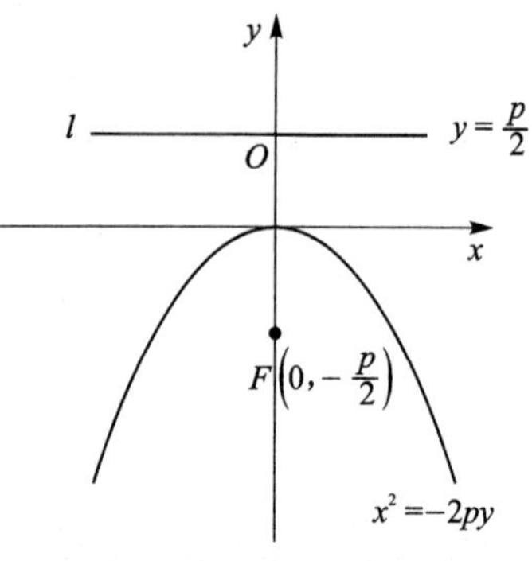

图 2-30

提醒:(1) 抛物线的标准方程是指抛物线在标准状态下的方程,即顶点在原点,焦点在坐标轴上.

(2) 抛物线的标准方程中系数 p 的几何意义:焦点到准线的距离.

★ 知识巩固

例 1　已知抛物线的标准方程为 $y^2=4x$,求它的焦点坐标和准线方程.

解　对比抛物线方程 $y^2=2px$,知 $p=2$. 所以,焦点坐标是(1,0). 准线方程为 $x=-1$.

例 2　求焦点为$\left(0,-\dfrac{3}{2}\right)$的抛物线方程及准线方程.

解　因为焦点为$\left(0,-\dfrac{3}{2}\right)$,即$-\dfrac{p}{2}=-\dfrac{3}{2}$,所以 $p=3$.

故抛物线的标准方程为 $x^2=-6y$,准线方程为 $y=\dfrac{3}{2}$.

例 3　抛物线 $x^2=-16y$ 上一点 P 到焦点的距离是 6,求点 P 的坐标.

解　由方程 $x^2=-16y$ 知焦点 F 的坐标为(0,−4),准线 l 的方程为 $y=4$.

由定义知所求点 $P(x,y)$有 $|FP|=6$.

由 $y^2-8y-20=0$ 解得 $y=10$(舍去),$y_2=-2$.

把 $y_2=-2$ 代入 $x^2=-16y$ 得 $x=\pm4\sqrt{2}$.

故点 P 坐标为$(\pm4\sqrt{2},-2)$.

课堂练习 2.6.1

1. 已知抛物线的标准方程为 $y^2=9x$,求焦点坐标和准线方程.

2. 求焦点为$\left(0,-\dfrac{1}{2}\right)$的抛物线方程.

3. 根据下列条件,求抛物线方程.

(1) 对称轴是 x 轴,顶点在原点,并经过点(−2,4);

(2) 对称轴是 y 轴,顶点在原点,并经过点(6,3);

(3) 原点为顶点,准线方程为 $x=3$;

(4) 焦点为 $F(0,-2)$,准线方程为 $y=2$.

4. 求抛物线 $y=2x^2$ 的焦点坐标和准线方程.

5. 求顶点为原点且过点 $A(2,-2\sqrt{2})$的抛物线的标准方程.

6. 填空题

(1) 抛物线 $2x^2+3y=0$ 的焦点坐标为________,准线方程为________.

(2) 若抛物线 $ay^2=x$ 的准线方程为 $x=a-1$,则 $a=$________.

(3) 以原点为顶点,坐标轴为对称轴,且过点 $P(-1,2)$的抛物线的方程为________.

(4) 准线方程为 $x=2$ 的抛物线的标准方程为________.

2.6.2　抛物线的几何性质

★ 新知识点

本节将研究抛物线的几何性质,主要是利用抛物线的定义及标准方程来讨论抛物线的范围、对称性、顶点、离心率等内容.

1. 抛物线的几何性质

下面以方程 $y^2=2px\quad(p>0)$为例进行讨论.

(1) 范围:由抛物线方程 $y^2=2px(p>0)$ 知 $x\geqslant 0$,所以抛物线位于 y 轴的右侧,随着 x 的增大,$|y|$ 值增大,这说明抛物线向右上方和右下方无限延伸,即抛物线开口向右,如图 2-27 所示.

(2) 对称性:在抛物线方程 $y^2=2px(p>0)$ 中,用 $-y$ 代替 y,方程不变,说明抛物线关于 x 轴对称,即 x 轴是抛物线的对称轴.(抛物线方程不同,对称轴不同)

(3) 顶点:抛物线与对称轴的交点叫作抛物线的顶点,在 $y^2=2px$ 中,当 $x=0$ 时,$y=0$. 显然,抛物线的顶点(0,0)就是坐标原点.

提醒:应当记住抛物线没有对称中心,只有一条对称轴. 抛物线的焦点总是在对称轴上.

(4) 离心率:抛物线上任意一点 M 与焦点的距离和它到准线的距离之比,叫作抛物线的离心率,用 e 表示. 显然,由抛物线的定义可知 $e=1$.

2. 抛物线的作图

描绘抛物线的图像,除了采用常用的描点法外,通常还结合抛物线的几何性质作图. 大致步骤如下:

(1) 首先把所给方程化为标准方程,如 $y^2=\pm 2px\ (p>0)$ 或 $x^2=\pm 2py\ (p>0)$.

(2) 由标准方程中 x,y 的取值范围确定抛物线的开口方向和对称轴.

(3) 列表格求值,描点作图. 根据抛物线的对称性,画出抛物线.

★ 知识巩固

例 1 已知抛物线方程 $y^2+8x=0$,求抛物线的焦点坐标、准线方程及离心率.

解 将所给方程化为标准方程,即 $y^2=-8x$. 所以 $p=4$.

故焦点坐标为 $\left(-\frac{p}{2},0\right)=(-2,0)$,准线方程为 $x=\frac{p}{2}=\frac{4}{2}=2$,离心率 $e=1$.

例 2 作出抛物线 $y^2-8x=0$ 的图像,并求出它的焦点坐标和准线方程.

解 (1) 把方程化为标准方程 $y^2=8x$.

(2) 由 $y^2=8x$ 知 $y=\pm 2\sqrt{2x}$.

列出第一象限 x 与 y 的部分近似值(见表 2-1).

表 2-1

x	0	$\frac{1}{2}$	1	2	3	…
$y=2\sqrt{2x}$	0	2	2.8	4	4.8	…

描点作出 $y^2=8x$ 的上半部分图像.

(3) 根据对称性,作出 $y^2=8x$ 的图像,如图 2-31 所示.

(4) 从图像上知 $p=4$,故焦点为 $F(2,0)$,准线方程为 $x=-2$.

课堂练习 2.6.2

1. 已知抛物线方程 $y^2+4x=0$,写出顶点和焦点坐标、对称轴和准线的方程,并作图.

2. 求顶点在原点、关于 y 轴对称且过点 $A(-3,-4)$ 的抛物线方程.

3. 设正三角形的一个顶点在原点,关于 x 轴对称,另外两个顶点在抛物线 $y^2=2\sqrt{3}x$ 上,求此三角形的边长.

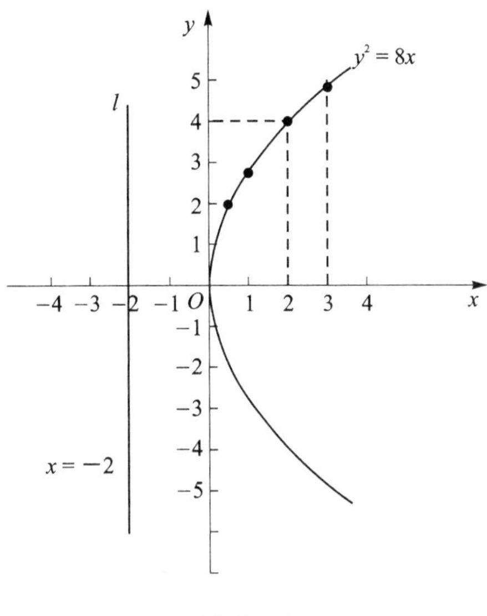

图 2 – 31

4. 抛物线 $y^2=24ax(a>0)$上有一点 M,它的横坐标是 3,它到焦点的距离是 5,求抛物线的方程.

5. 试求以原点为顶点,坐标轴为对称轴,并经过 $M(-5,-10)$点的抛物线方程.

6. 斜率为 1 的直线经过抛物线 $y^2=4x$ 的焦点,且与抛物线交于 A,B 两点,求线段 AB 的长.

2.7　空间直角坐标系

2.7.1　空间直角坐标系的概念

★ 新知识点

1. 空间直角坐标系的建立

(1) 空间直角坐标系的建立如图 2 - 32 所示.

① O 点——坐标原点;

② 三条互相垂直的数轴 Ox,Oy,Oz——坐标轴;

③ Oxy 面、Oyz 面、Ozx 面——坐标平面.

其中,它们的次序和方向规定按右手法则排列.

提醒:在空间直角坐标系中,让右手拇指指向 x 轴的正方向,食指指向 y 轴的正方向,如果中指能指向 z 轴的正方向,则称这个坐标系为右手直角坐标系.

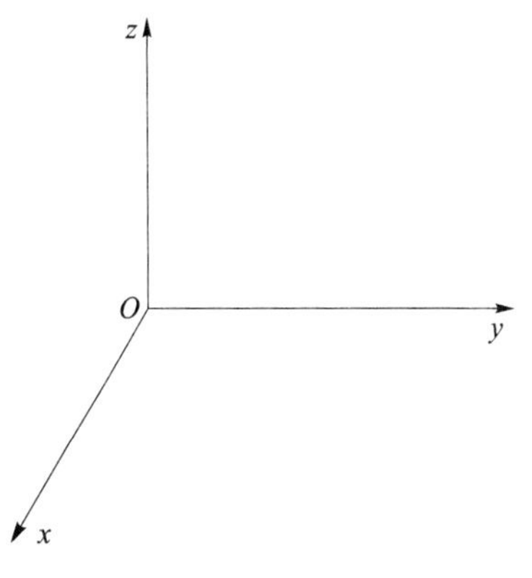

图 2 – 32

(2) 卦限:

① 三个坐标平面将空间分成八个部分,称为八个卦限,如图 2 - 33 所示.

② 各个卦限中,点的坐标的符号如表 2-2 所列.

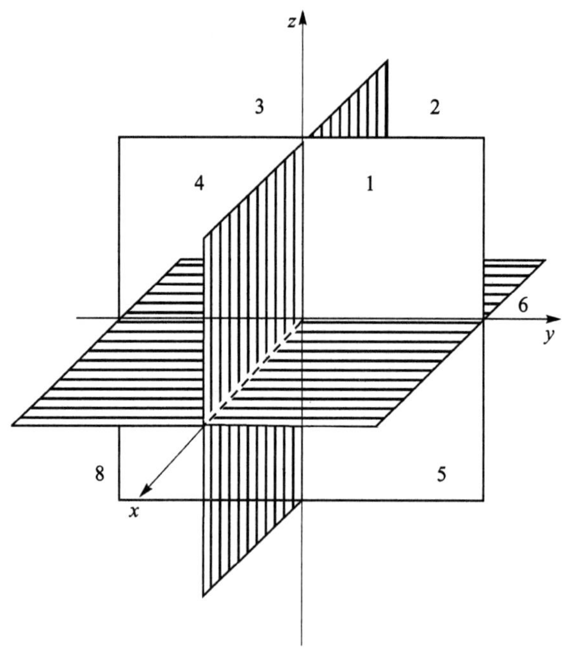

图 2-33

表 2-2

坐标＼卦限	一	二	三	四	五	六	七	八
x	+	−	−	+	+	−	−	+
y	+	+	−	−	+	+	−	−
z	+	+	+	+	−	−	−	−

③ 空间点的坐标如图 2-34 所示.

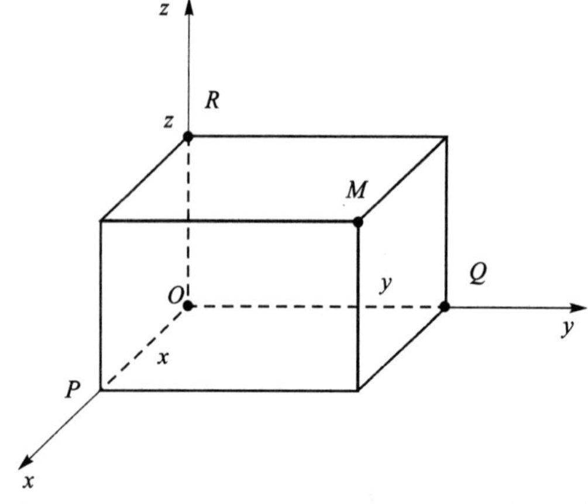

图 2-34

- 空间点 $M \leftrightarrow$ 有序实数组 (x,y,z).
- 点 M 的坐标：

x——点 M 的横坐标；

y——点 M 的纵坐标；

z——点 M 的竖坐标.

(3) 坐标轴的平移：设有两个坐标系 $O-xyz$（旧）和 $O'-x'y'z'$（新），假设这两个坐标系的各轴对应平行且指向相同. 又设点 M 关于坐标系 $O-xyz$ 的坐标为 $M(x,y,z)$，点 M 关于坐标系 $O'-x'y'z'$ 的坐标为 $M(x',y',z')$，新坐标系 $O'-y'z'$ 的原点在旧坐标系 $O-xyz$ 中的坐标为 (a,b,c)，则

$$\begin{cases} x = x' + a, \\ y = y' + b, \\ z = z' + c. \end{cases} \quad \text{或} \quad \begin{cases} x' = x - a, \\ y' = y - b, \\ z' = z - c. \end{cases}$$

提醒：几个特殊点的坐标如下.

(1) 原点 $(0,0,0)$.

(2) 坐标轴上的点 $\begin{cases} Ox \text{ 轴上的点}(x,0,0), \\ Oy \text{ 轴上的点}(0,y,0), \\ Oz \text{ 轴上的点}(0,0,z). \end{cases}$

(3) 坐标平面上的点 $\begin{cases} xOy \text{ 平面上的点}(x,y,0), \\ yOz \text{ 平面上的点}(0,y,z), \\ zOx \text{ 平面上的点}(x,0,z). \end{cases}$

★ 知识巩固

例 1　如图 2-35 所示，在长方体 $OABC-D'A'B'C'$ 中，$|OA|=3$，$|OC|=4$，$|OD'|=2$，写出 D'，C，A'，B' 四个点的坐标.

解　$\because$ D' 在 z 轴上，且 $|OD'|=2$，

$\therefore$ D' 的竖坐标为 2，横坐标、纵坐标为 0.

$\therefore$ $D'(0,0,2)$.

同理可得 $C'(0,4,2)$，$A'(3,0,2)$.

点 B' 在 xOy 平面上的射影是 B，因此它的横坐标 x 与纵坐标 y 与点 B 的横坐标、纵坐标相同.

在 xOy 平面上，点 B 的坐标为 $(3,4,0)$，所以，B' 的横坐标为 $x=3$，纵坐标 $y=4$. 又点 B' 在 z 轴上的射影是 D'，点 D' 的竖坐标 $z=2$，而 B' 与 D' 竖坐标相同.

所以 B' 的坐标为 $B'(3,4,2)$.

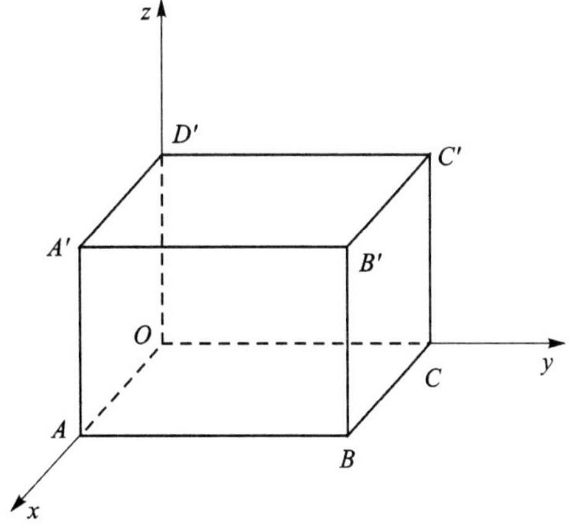

图 2-35

课堂练习 2.7.1

1. 点(1,1,1)关于 z 轴对称的点的坐标是________.

2. 点(2,3,4)关于坐标平面 yOz 对称点的坐标是________.

3. 点 A 与坐标原点的距离是 3,并且它的坐标分量都相等,则 A 的坐标是________.

4. 在空间直角坐标系中,请回答:

(1) x 轴上的点的坐标__________,y 轴上的点的坐标__________. z 轴上的点的坐标________.

(2) xOy 坐标平面内的点的坐标________,xOz 坐标平面内的点的坐标________,yOz 坐标平面内的点的坐标________.

2.7.2 空间两点的距离公式

★ 新知识点

1. 点 M 到原点 O 的距离

点 $M(x,y,z)$ 到原点的距离实际上就是三棱之长,分别为 $|x|,|y|,|z|$ 的长方体的对角线之长,即 $d=\sqrt{x^2+y^2+z^2}$,如图 2-36 所示.

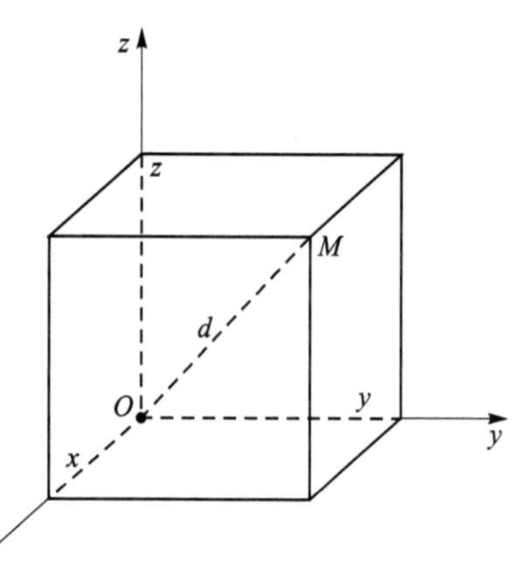

图 2-36

2. 点 $M_1(x_1,y_1,z_1)$ 与 $M_2(x_2,y_2,z_2)$ 之间的距离

若把坐标原点移到 M_1 处且保持轴的方向相同,则 $M_1(x_1 y_1 z_1)$ 是新坐标系的坐标原点,而 M_2 关于新坐标系的坐标为 $(x_2-x_1,y_2-y_1,z_2-z_1)$,由此得空间两点的距离公式为

$$|M_1M_2|=d=\sqrt{(x_2-x_1)^2+(y_2-y_1)^2+(z_2-z_1)^2}.$$

★ 知识巩固

例 1 求点 $M(4,-3,5)$ 到原点及各坐标轴的距离.

解 过 M 点分别作 x 轴、y 轴、z 轴的垂线,垂足分别为 A,B,C,则它们的坐标分别为 $A(4,0,0),B(0,-3,0),C(0,0,5)$.

由两点间的距离公式知:

$$|MO|=\sqrt{4^2+(-3)^2+5^2}=5\sqrt{2},$$

$$|MA|=\sqrt{(-3)^2+5^2}=\sqrt{34},$$

$$|MB|=\sqrt{4^2+5^2}=\sqrt{41},$$

$$|MC|=\sqrt{4^2+(-3)^2}=5.$$

例 2 已知 $A(1,-2,11),B(4,2,3),C(6,-1,4)$,求证:$\triangle ABC$ 是直角三角形.

证明:由两点间的距离公式知

$$|AB|=\sqrt{89},\ |AC|=\sqrt{75},\ |BC|=\sqrt{14}.$$

从而
$$|AC|^2+|BC|^2=|AB|^2.$$

根据勾股定理知,$\triangle ABC$ 是一个直角三角形.

课堂练习 2.7.2

1. 如图 2－37 所示建立直角坐标系，已知棱长为 2，求正方体各顶点的坐标，并求出点 C' 到点 A 的长度.

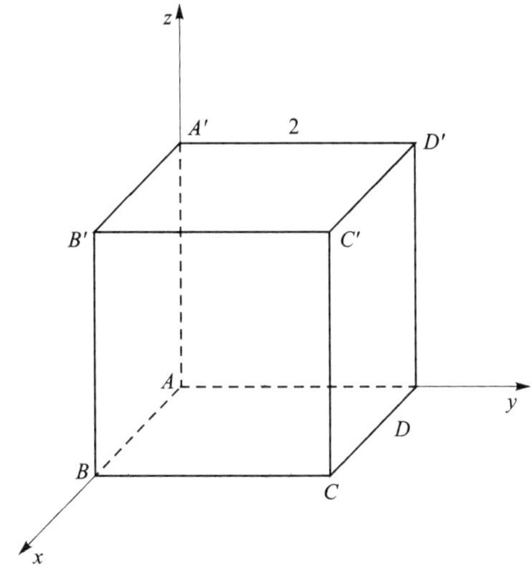

图 2－37

2. 在空间直角坐标系 $O-xyz$ 中，哪个坐标平面与 x 轴垂直？哪个坐标平面与 y 轴垂直？哪个坐标平面与 z 轴垂直？

3. 求下列两点间的距离.

(1) $A(1,0,-1)$，$B(4,3,-1)$；

(2) $C(6,0,1)$，$D(3,5,7)$；

(3) $E(-4,2,4)$，$F(-2,1,2)$.

4. 在四面体 $P-ABCA$ 中，PA，PB，PC 两两垂直，设 $PA=PB=PC=a$，求点 P 到平面 ABC 的距离.

5. 在 y 轴上求一点 M，使点 M 到点 $A(1,0,2)$ 与点 $B(1,-3,1)$ 的距离相等.

本章小结

平面解析几何主要内容包括了四个部分：平面直角坐标系和空间直角坐标系的建立，直线方程，圆的方程以及圆锥曲线（椭圆、双曲线、抛物线）.

1. 知识结构

(1) 平面直角坐标和空间直角坐标系的建立部分，重点掌握好两点间的距离公式及中点坐标公式.

两点间距离公式：

$$d=\begin{cases}\sqrt{(x_2-x_1)^2+(y^2-y_1)^2} & (\text{平面坐标系})\\ \sqrt{(x_2-x_1)^2+(y_2-y_1)^2+(z_2-z_1)^2} & (\text{空间坐标系})\end{cases}$$

中点坐标公式：

$$\left.\begin{aligned} x &= \frac{x_1 + x_2}{2} \\ y &= \frac{y_1 + y_2}{2} \end{aligned}\right\} \quad (\text{平面坐标系})$$

$$\left.\begin{aligned} x &= \frac{x_1 + x_2}{2} \\ y &= \frac{y_1 + y_2}{2} \\ z &= \frac{z_1 + z_2}{2} \end{aligned}\right\} \quad (\text{空间坐标系})$$

（2）直线与方程

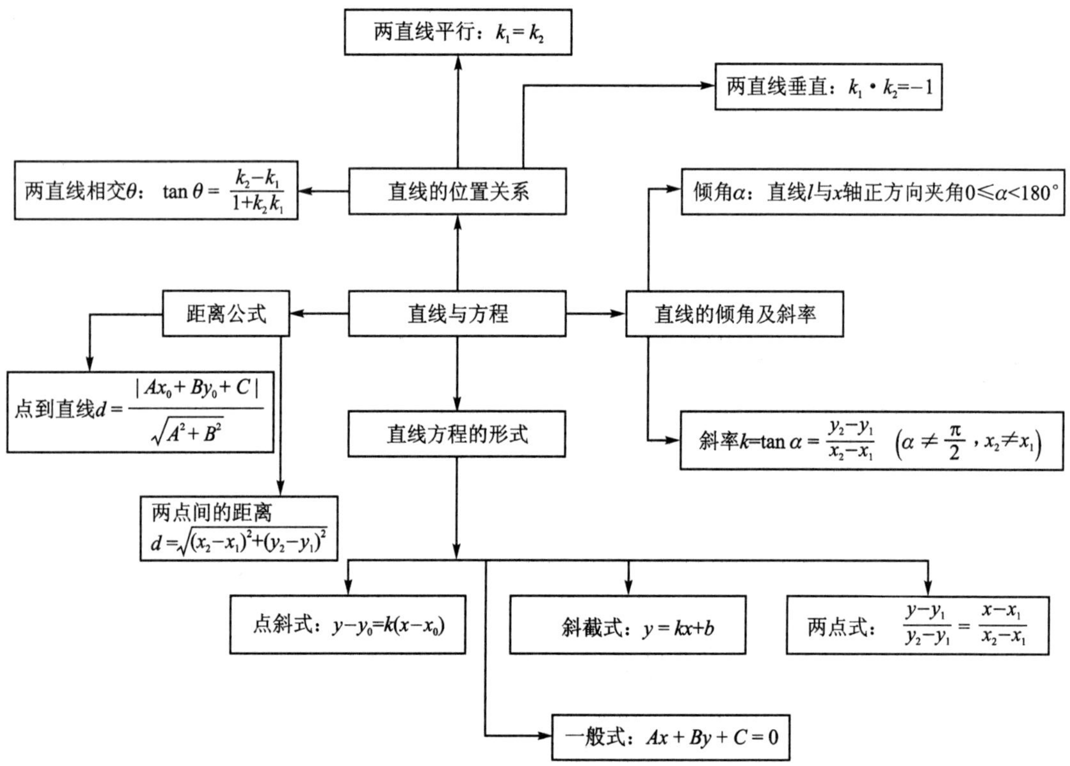

（3）圆的方程

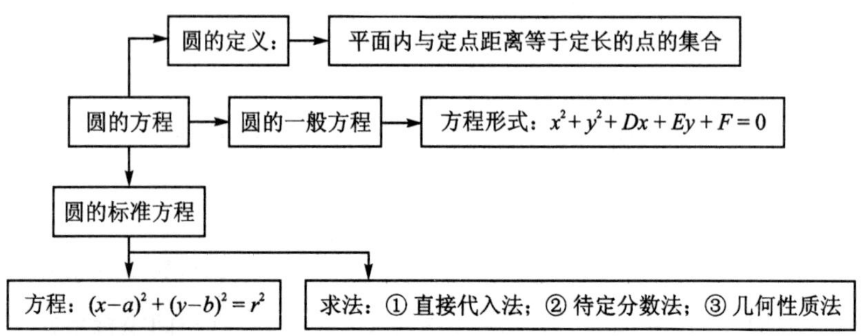

(4) 椭圆、双曲线及抛物线

① 椭圆的标准方程及性质如表 2 - 3 所列.

表 2 - 3

标准方程	$\frac{x^2}{a^2}+\frac{y^2}{b^2}=1\quad(a>b>0)$	$\frac{x^2}{b^2}+\frac{y^2}{a^2}=1\quad(a>b>0)$
图形		
顶点	$A_1(-a,0),A_2(a,0)$ $B_1(0,-b),B_2(0,b)$	$A_1(0,-a),A_2(0,a)$ $B_1(-b,0),B_2(b,0)$
对称轴	x 轴，长轴长为 $2a$；y 轴，短轴长为 $2b$	
对称中心	对称轴的交点叫作椭圆中心	
焦点	$F_1(-c,0),F_2(c,0)$	$F_1(0,-c),F_2(0,c)$
焦距	$\lvert F_1F_2\rvert=2c\quad(c>0),c^2=a^2-b^2$	
离心率	$e=\frac{c}{a}\quad(0<e<1)$	
准线方程	$x=\pm\frac{a^2}{c}$	$y=\pm\frac{a^2}{c}$

② 双曲线的标准方程及性质如表 2 - 4 所列.

表 2 - 4

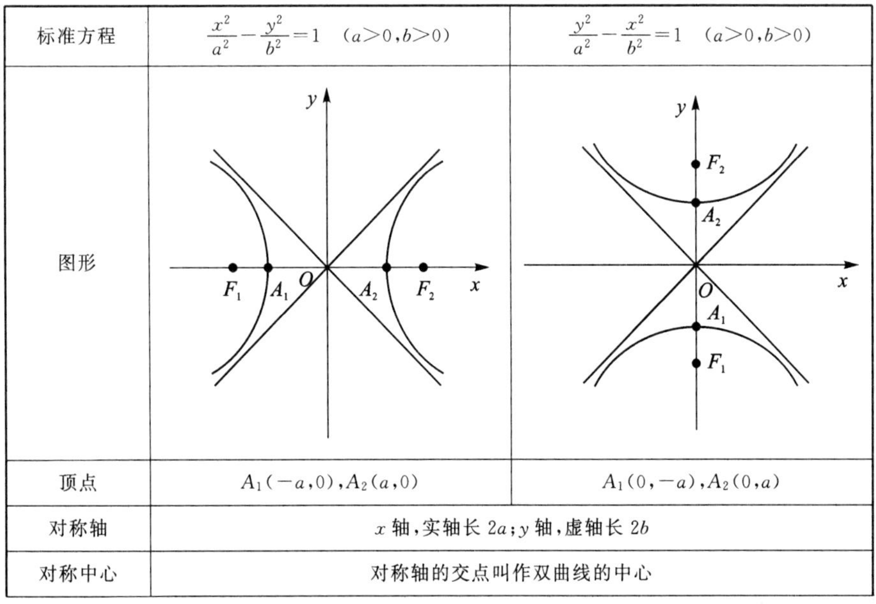

标准方程	$\frac{x^2}{a^2}-\frac{y^2}{b^2}=1\quad(a>0,b>0)$	$\frac{y^2}{a^2}-\frac{x^2}{b^2}=1\quad(a>0,b>0)$
图形		
顶点	$A_1(-a,0),A_2(a,0)$	$A_1(0,-a),A_2(0,a)$
对称轴	x 轴，实轴长 $2a$；y 轴，虚轴长 $2b$	
对称中心	对称轴的交点叫作双曲线的中心	

续表 2-4

焦点	$F_1(-c,0),F_2(c,0)$	$F_1(0,-c),F_2(0,c)$
焦距	$\|F_1F_2\|=2c \quad (c>0),c^2=a^2+b^2$	
离心率	$e=\dfrac{c}{a} \quad (e>1)$	
渐近线	$y=\pm\dfrac{b}{a}x$	$y=\pm\dfrac{a}{b}x$
准线	$x=\pm\dfrac{a^2}{c}$	$y=\pm\dfrac{a^2}{c}$

③ 抛物线的标准方程及性质如表表 2-5 所列.

表 2-5

标准方程	$y^2=2px\ (p>0)$	$y^2=-2px\ (p>0)$	$x^2=2py\ (p>0)$	$x^2=-2py\ (p>0)$
图形	l y O F x	y l F O x	y F x O l	y l O x F
顶点	$O(0,0)$			
对称轴	x 轴		y 轴	
焦点	$F\left(\dfrac{p}{2},0\right)$	$F\left(-\dfrac{p}{2},0\right)$	$F\left(0,\dfrac{p}{2}\right)$	$F\left(0,-\dfrac{p}{2}\right)$
离心率	$e=1$			
准线	$x=-\dfrac{p}{2}$	$x=\dfrac{p}{2}$	$y=-\dfrac{p}{2}$	$y=\dfrac{p}{2}$

注意:抛物线标准方程中的 p 的几何意义是焦点 F 到准线 l 的距离.

2. 方法总结

(1) 学习平面解析几何时,除了要掌握直线与方程、圆的方程、圆锥曲线(椭圆、双曲线、抛物线)外,还要学会借助于坐标系来研究几何问题,深刻体会“数形结合”的思想.

(2) 直线的倾斜角和斜率是平面直角坐标系中表示直线位置的重要参数,在直线的方程中判断两直线是否平行、垂直和确定它的位置关系等问题中起着非常重要的作用.

(3) 我们在研究点的运动轨迹问题时(例如讨论圆锥曲线),经常要用到两点间的距离公式和中点公式,因此要熟练掌握.

(4) 直线和圆是几何中的基本图形,要注意在本章学习中综合已有知识,还要注意灵活运用三角函数、平面向量等与本章内容关系比较密切的知识.

(5) 直线方程的几种形式. 点斜式、斜截式、两点式、一般式等形式在一定条件下可以相互转化,在解决具体问题时,要根据给出的已知条件,选用适当的直线方程形式来建立方程.

(6) 坐标轴方程 $x=0,y=0$ 和平行于坐标轴的直线方程 $x=a,y=b$ 是今后经常要用到的两种特殊的直线方程,学习时应该重视. 特别要注意把它们与点的坐标区分开.

(7) 直线与圆的位置关系是本章的难点. 直线与圆的位置关系可以用圆心到直线的距离与圆半径的关系来判别，或联立求直线方程和圆的方程得出.

(8) 关于圆锥曲线的学习，要注意区分椭圆、双曲线、抛物线的定义，牢固掌握它们的标准方程、图像和几何性质.

(9) 通过空间直角坐标的建立，以及空间两点的距离公式的推导，深刻体会到：将空间问题转化为平面问题是解决空间问题行之有效的方法.

复习题 2

1. 填空题

(1) 一条给出了________、________和________的直线，称为数轴.

(2) 如果点 P 与实数 x 对应，则称点 P 的坐标为________，记作________.

(3) 设 A,B 两点在数轴上对应的坐标分别为 x_1,x_2，则 A,B 两点的距离公式为 $d=\left|\sqrt{AB}\right|=$________，$A$ 和 B 的中点坐标 $x=$________.

(4) 已知平行四边形 $ABCD$ 的三个点 $A(-1,-2)$，$B(3,1)$，$C(0,2)$，求顶点 D 的坐标.

(5) 已知点 $A(x,5)$关于点 $C(1,y)$的对称点是 $B(-2,-3)$，则点 $P(x、y)$到原点的距离是________.

(6) 平面上直线，其倾斜角的范围是________.

(7) 已知点 $P(6,a)$在过 $A(-1,3)$和 $B(5,-2)$的直线上，则 $a=$________.

(8) 已知直线过点(2,1)，(0,6)，则其斜率为________. 点斜式方程为________. 斜截式方程________.

(9) 与直线 $2x+3y+2=0$ 的平行线的斜率为________，它们垂线的斜率为________.

(10) 两条直线 l_1：$(3+m)x+4y=5-3m$，l_2：$2x+(5+m)y=8$，平行的条件是 $m=$________.

(11) 圆 $x^2+y^2+4x-6y=0$ 的圆心坐标为________，半径为________.

(12) 如果 $A(3,-1)$，$B(x,3)$，$C(4,x)$三点在同一直线上，则 $x=$________.

(13) 已知直线的斜率 $k=\dfrac{3}{2}$，且过(0,4)点，则此直线方程为________.

(14) 已知 $A(-1,0)$，$B(1,2)$为直线 l 上的两点，则 l 的方程为________.

(15) 已知直线过原点，且倾斜角为$\dfrac{\pi}{4}$，则此直线的方程为________.

(16) 原点到直线 $4x-9y+9=0$ 的距离是________.

(17) 直线 $2x-5y-10=0$ 与坐标轴所围成的三角形的面积是________.

(18) 已知 $A(-1,-1)$，$B(3,7)$两点，则线段 AB 的垂直平分线方程为________.

(19) 与直线 $2x-3y+6=0$ 关于 x 轴对称的直线方程为________.

(20) 过直线 $3x-2y+1=0$ 和 $x+3y+4=0$ 的交点且与直线 $x+3y+4=0$ 垂直的直线方程为________.

(21) 直线 $x+y-1=0$ 与圆 $x^2+y^2=9$ 相交，所得弦长为________.

(22) 圆 $x^2+y^2+2x+4y-3=0$ 上到直线 $x+y+1=0$ 的距离为$\sqrt{2}$的点共有________个.

(23) 设直线 $x+y-2=0$ 与圆 $x^2+y^2=r^2(r>0)$ 相于 A,B 两点,且 $|AB|=2\sqrt{2}$,则 $r=$________.

(24) 设直线 $x+y-2=0$ 与圆 $x^2+y^2=3$ 相交于 A,B 两点,则 $|AB|=$________.

(25) 直线 $3x+4y-12=0$ 与 x 轴、y 轴分别交于 A,B 两点,O 为坐标原点,则 $\triangle OAB$ 的周长为________.

2. 选择题

(1) 已知 $A(1,5)$,$B(a,2)$ 两点间的距离是 5,则 $a=$(　　).

A. 5　　B. -3　　C. -5 或 3　　D. 5 或 -3

(2) 已知 A,B 两点分别在 x 轴、y 轴上,若线段 AB 的中点坐标为 $(-2,1)$,则 A,B 两点的坐标分别为(　　).

A. $(-4,0)$ 与 $(0,2)$　　B. $(4,0)$ 与 $(0,-2)$

C. $(0,-4)$ 与 $(2,0)$　　D. $(0,4)$ 与 $(-2,0)$

(3) 直线 $-\frac{x}{a^2}+\frac{y}{b^2}=1$,在 x 轴上的截距是(　　).

A. $|a|$　　B. a^2　　C. $-a^2$　　D. $\pm a$

(4) 过点 $(1,2)$ 且倾斜角 α 的正弦值为 $\frac{4}{5}$ 的直线方程是(　　).

A. $4x-3y+2=0$　　B. $4x+3y-6=0$

C. $y=\pm\frac{4}{3}(x+1)-2$　　D. $y=\pm\frac{4}{3}(x-1)+2$

(5) 过点 $(1,1)$ 与直线 $x-2y+1=0$ 垂直的直线方程为(　　).

A. $2y+x-3=0$　　B. $2y-x-1=0$　　C. $y+2x+1=0$　　D. $y+2x-3=0$

(6) 过点 $M(-3,2)$ 与直线 $x+2y-9=0$ 平行的直线方程是(　　).

A. $x-2y+7=0$　　B. $x+2y-1=0$　　C. $2x+y+8=0$　　D. $x+2y+4=0$

(7) 圆 $x^2+y^2-4y=0$ 的圆心坐标与半径为(　　).

A. $(0,2)$,4　　B. $(0,2)$,2　　C. $(0,-2)$,4　　D. $(0,-2)$,2

(8) 已知方程 $x^2+y^2-2x+6y+k=0$ 是圆,则 k 的取值范围是(　　).

A. $k\geqslant 10$　　B. $k\leqslant 10$　　C. $k<10$　　D. $k>10$

(9) 已知 $A(1,1,1)$,$B(-3,-3,-3)$,则线段 AB 的长为(　　).

A. $4\sqrt{3}$　　B. $2\sqrt{3}$　　C. $4\sqrt{2}$　　D. $3\sqrt{2}$

(10) 点 B 是点 $A(1,2,3)$ 在坐标平面 yOz 内的射影,则 OB 等于(　　).

A. $\sqrt{14}$　　B. $\sqrt{13}$　　C. $2\sqrt{3}$　　D. $\sqrt{11}$

(11) 在空间直角坐标系中,一定点到三个坐标轴的距离都是 1,则该点到原点的距离是(　　).

A. $\frac{\sqrt{6}}{2}$　　B. $\sqrt{3}$　　C. $\frac{\sqrt{3}}{2}$　　D. $\frac{6}{3}$

(12) 已知 $ABCD$ 为平行四边形和三个点的坐标,$A(4,1,3)$,$B(2,-5,1)$,$C(3,7,-5)$,则 D 点的坐标为(　　).

A. $\left(\frac{7}{2},4,-1\right)$　　B. $(2,3,1)$　　C. $(-3,1,5)$　　D. $(5,13,-3)$

(13) 抛物线 $y^2=4x$ 的准线方程为(　　).

A. $x=1$　　B. $x=2$　　C. $x=-1$　　D. $x=-2$

(14) 已知抛物线的顶点在坐标原点,焦点在 x 轴上,该抛物线上一点 $M(1,a)$ 到焦点的距离为 2,则该抛物线的方程是(　　).

A. $y^2=4x$　　B. $y^2=2x$　　C. $x^2=4y$　　D. $x^2=2y$

(15) 已知抛物线的对称轴为 x 轴,顶点在坐标原点,且经过点$(-2,2)$,则该抛物线的方程是(　　).

A. $y^2=-2x$　　B. $y^2=2x$　　C. $x^2=-2y$　　D. $x^2=2y$

(16) 过点$(2,-2)$且与双曲线 $x^2-2y^2=2$ 有公共渐近线的双曲线方程是(　　).

A. $-\frac{x^2}{4}+\frac{y^2}{2}=1$　　B. $\frac{x^2}{2}-\frac{y^2}{4}=1$

C. $-\frac{x^2}{2}+y^2=1$　　D. $-\frac{x^2}{4}+\frac{y^2}{2}=1$ 或 $\frac{x^2}{2}-\frac{y^2}{4}=1$

(17) 设椭圆的方程为 $\frac{x^2}{16}+\frac{y^2}{12}=1$,则该椭圆的离心率为(　　).

A. $\frac{\sqrt{7}}{2}$　　B. $\frac{1}{2}$　　C. $\frac{\sqrt{3}}{3}$　　D. $\frac{\sqrt{3}}{2}$

(18) 已知椭圆的长轴长与短轴长的比为 3∶4,则其离心率为(　　).

A. $\frac{\sqrt{7}}{4}$　　B. $\frac{\sqrt{7}}{2}$　　C. $\frac{\sqrt{7}}{8}$　　D. $\frac{7}{8}$

(19) 过点 $P(1,2)$ 与圆 $x^2+y^2=5$ 相切的直线方程为(　　).

A. $x+2y+5=0$　　B. $2x+y-5=0$　　C. $2x-y=0$　　D. $x+2y-5=0$

(20) 过点$(2,1)$且与直线 $y=x$ 垂直的直线方程为(　　).

A. $y=x+2$　　B. $y=x-1$　　C. $y=-x+3$　　D. $y=-x+2$

3. 判断题

(1) 任何直线都有斜率.　　(　　)

(2) 平面上任何直线可用含 x,y 的一次方程表示.　　(　　)

(3) 已知圆 $C:(x-2)^2+(y-3)^2=9$ 和点 $P(4,3)$,则点 P 必在圆 C 内.　　(　　)

(4) 直线方程的一般形式 $Ax+By+C=0$,则斜率 $k=-\frac{A}{B}$,纵截距 $b=-\frac{C}{B}(B\neq0)$.

(　　)

(5) 已知直线过点 $M(1,-2)$,斜率 $k=-2$,则此直线方程为 $y+2x=0$.　　(　　)

(6) 设 $l_1:y=k_1x+b_1$,$l:y=k_2x+b_2$,若 $k_1=k_2$,则 $l_1\parallel l_2$.　　(　　)

4. 一条直线经过点 $A(-2,2)$,并且与两坐标轴围成的三角形的面积为 1,求此直线的方程.

5. 已知三点 $A(1,-1)$,$B(3,3)$,$C(4,5)$,求证:A,B,C 三点在同一条直线上.

6. 求适合下列条件的直线方程.

(1) 经过点 $p(3,2)$,且在两坐标轴上的截距相等;

(2) 经过点 $A(-1,-3)$,斜率是直线 $y=3x$ 斜率的 2 倍.

7. 如果椭圆的长轴长是短轴长的 2 倍,焦点在 y 轴上,且焦距为 $4\sqrt{3}$,求椭圆的方程.

8. 设椭圆的焦距与长半轴之和为 10,离心率为$\frac{1}{3}$,求椭圆的标准方程.

9. 设双曲线的焦点是 $F_1(0,\sqrt{13})$,$F_2(0,-\sqrt{13})$,且 $a=2$,求双曲线的标准方程.

10. 求双曲线 $9y^2-16x^2=144$ 的实半轴、虚半轴、焦点坐标和渐近线方程.

11. 求抛物线 $y^2+8x=0$ 的焦点坐标、顶点坐标、离心率及准线方程.

12. 求以原点为顶点,坐标轴为对称轴,并且经过点 $P(-2,-4)$的抛物线方程.

13. 已知 F_1,F_2 是椭圆$\frac{x^2}{100}+\frac{y^2}{64}=1$ 的两个焦点,P 为椭圆上一点,且$\angle F_1PF_2=30°$,求$\triangle PF_1F_2$ 的面积.

14. 求以曲线 $2x^2+y^2-4x-10=0$ 和 $y^2=2x-2$ 的交点与原点的连线为渐近线,且实轴在 x 轴上,实轴长为 12 的双曲线的方程.

15. 已知直线 l_2 过点(1,3)且与直线 l_1:$x-y=0$ 垂直.

(1) 求直线 l_2 的方程.

(2) 已知圆 C 的圆心在 x 轴上,且圆 C 与直线 l_1,l_2 均相切,求圆 C 的方程.

趣味阅读

笛卡儿坐标系

勒内·笛卡儿(Rene Descartes),1596 年 3 月 31 日生于法国. 笛卡尔是伟大的哲学家、物理学家、数学家、生理学家,也是解析几何的创始人.

笛卡儿是欧洲近代资产阶级哲学的奠基人之一,黑格尔称他为“现代哲学之父”. 它自成体系,熔唯物主义与唯心主义于一体,在哲学史上产生了深远的影响. 同时,他又是一位勇于探索的科学家,他所建立的解析几何在数学史上具有划时代的意义. 笛卡儿堪称 17 世纪的欧洲哲学界和科学界最有影响的巨匠之一,他的伟大成就还在于创立了笛卡儿坐标系.

笛卡儿坐标系就是直角坐标系和斜角坐标系的统称.

笛卡儿坐标相交于原点的两条数轴,构成了平面仿射坐标系. 如两条数轴上的度量单位相等,则称此仿射坐标系为笛卡儿坐标系. 两条数轴互相垂直的笛卡儿坐标系,称为笛卡儿直角坐标系,否则称为笛卡儿斜角坐标系.

相交于原点的三条不共面的数轴构成空间的仿射坐标系. 三条数轴上度量单位相等的仿射击坐标系被称为空间笛卡儿坐标系. 三条数轴互相垂直的笛卡儿坐标系称为空间笛卡儿直角坐标系,否则称为空间笛卡儿斜角坐标系.

在数学里,笛卡儿坐标系,也称直角坐标系,是一种正交坐标.

在原本的二维直角坐标系中,再添加一个垂直于 x 轴,y 轴的坐标系,称为 z 轴,就构成了笛卡儿坐标系.

第3章　复　数

复数是16世纪人们在研究一元二次方程求解问题时引入的. 众所周知,一元二次方程$ax^2+bx+c=0$,当$b^2-4ac<0$时没有实数根. 这源于代数方程受限于实数集,从而需要将实数集进一步扩充,这就是要在本章学习的复数知识.

复数在数学、力学、电学等课程中广泛应用,是现代科技中普遍使用的一种数学工具.

3.1　复数的概念

3.1.1　复数的主要内容

★ 新知识点

1. 虚数单位

引入一个新数i,称为虚数单位,并规定:

(1) 它的平方等于-1,即$i^2=-1$;

(2) 实数可以与它进行四则运算,进行四则运算时,原有的加、乘运算律仍然成立.

提醒: 对于虚数单位i,若$n\in \mathbf{Z}$时,有$i^{4n}=1$,$i^{4n+1}=i$,$i^{4n+2}=-1$,$i^{4n+3}=-i$.

2. 复　数

数$a+bi(a,b\in \mathbf{R})$称为复数,全体复数构成的集合称为复数集,一般用字母$\mathbf{C}$表示.

复数通常用字母z表示,即$z=a+bi(a,b\in \mathbf{R})$. 把复数表示成$a+bi$的形式,称为复数代数形式. 其中,$a$与$b$分别称为复数的实部与虚部.

对于复数$a+bi$,当且仅当$b=0$时,它是实数a;当且仅当$a=b=0$时,它是实数0;当$b\neq 0$时,$a+bi$称为虚数;当$a=0$且$b\neq 0$时,$a+bi$称为纯虚数.

例如:$2+3i$,$-2i$都是虚数,它们的实部分别是2和0,虚部分别是3和-2,其中$-2i$是纯虚数.

提醒: 实数集$\mathbf{R}$是复数集$\mathbf{C}$的真子集,即$\mathbf{R}\subsetneqq \mathbf{C}$.

3. 复数相等

如果两个复数的实部和虚部分别相等,称这两个复数相等. 这就是说,如果$a,b,c,d\in \mathbf{R}$,那么

$$a+bi=c+di \Leftrightarrow a=c,b=d$$

$$a+bi=0 \Leftrightarrow a=b=0$$

4. 共轭复数

如果两个复数的实部相等,虚部互为相反数,称这两个复数互为共轭复数. 即:若$z=a+bi$,$\bar{z}=a-bi$,则称复数z和$\bar{z}$互为共轭复数.

例如:两个复数$3+2i$和$3-2i$中,实部相等,虚部互为相反数,从而$3+2i$和$3-2i$互为共轭复数.

5. 复数的模

设复数 $z=-a+bi$,称式子 $\sqrt{a^2+b^2}$ 为复数 z 的模,记为 $|z|$,即 $|z|=\sqrt{a^2+b^2}$.

提醒:两个复数只能说相等或不相等,而不能比较两个复数的大小,但两个复数的模是可以比较大小的.

★ 知识巩固

例 1 实数 m 取何值时,复数 $z=m+2+(m-3)i$ 是(1)实数;(2) 虚数;(3) 纯虚数.

解 (1) 当 $m-3=0$,即 $m=3$ 时,复数 z 为实数;

(2) 当 $m-3\neq 0$,即 $m\neq 3$ 时,复数 z 为虚数;

(3) 当 $m+2=0$ 且 $m-3\neq 0$,即 $m=-2$ 时,复数 z 为纯虚数.

例 2 已知 $z=4+3i$,求 $|z|$ 和 $\bar{z}$.

解 由 $z=4+3i$ 有

$$|z|=\sqrt{4^2+3^2}=5,\quad \bar{z}=4-3i.$$

课堂练习 3.1.1

1. 说明下列复数中,哪些是实数?哪些是虚数,哪些是纯虚数?

$2-\sqrt{2}$,π,$\frac{3}{5}i$,0,i,i^2,$3i-2$,$2\sqrt{3}i$.

2. 已知 $z=2-3i$,求 $|z|$ 和 $\bar{z}$.

3.1.2 复数的几何表示

★ 新知识点

根据复数相等的定义,我们知道,任意一个复数 $z=a+bi$,都可以由一个有序实数对 (a,b) 唯一确定,而有序实数对 (a,b) 与平面直角坐标系中的点是一一对应的,即复数集与平面直角坐标系中的点集之间是一一对应的.

如图 3-1 所示,点 z 的横坐标是 a,纵坐标是 b,复数 $z=a+bi$ 可用点 $z(a,b)$ 表示.

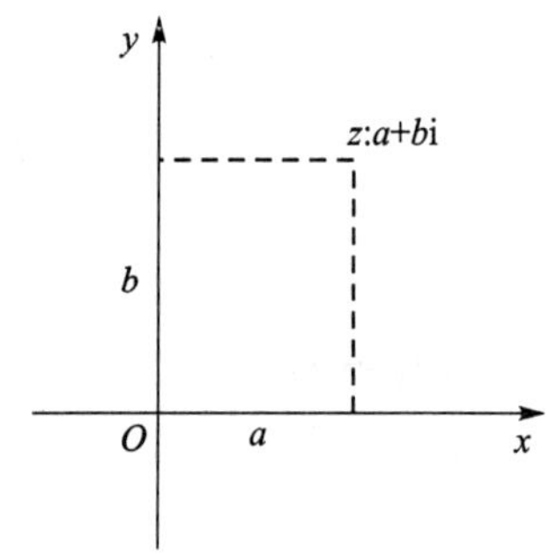

图 3-1

建立直角坐标系来表示复数的平面称为复平面,其中 x 轴称为实轴,除原点外的 y 轴称为虚轴.

例如:复平面中的原点(0,0)表示实数 0;实轴上的点(1,0)表示实数 1;虚轴上的点(0,-1)表示纯虚 $-i$;点(3,4)表示复数 $3+4i$.

按此表示方法,复数集 **C** 和复平面内所有点的集合是一一对应的,即

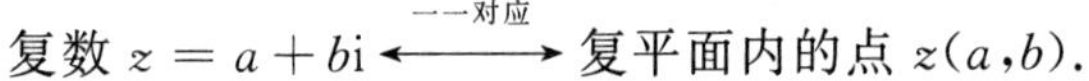

复数 $z=a+bi$ ⟷ 复平面内的点 $z(a,b)$.

课堂练习 3.1.2

在复平面中,描出下列各复数对应的点.

(1) $z_1=3+2i$;　　　　(2) $z_2=-3+2i$;

(3) $z_3=-5$；　　(4) $z_4=-2\mathrm{i}$.

习题 3.1

1. 已知复数 $z=(m^2-3m-4)+(m^2-5m-6)\mathrm{i}$，$m$ 取何值时复数 z 为

(1) 实数；　　(2) 虚数；

(3) 纯虚数；　　(4) 0.

2. 在复平面中，描出下列各复数对应的点.

(1) $z_1=1$；　　(2) $z_2=-3\mathrm{i}$；

(3) $z_3=2+3\mathrm{i}$；　　(4) $z_4=4-3\mathrm{i}$.

3. 计算：(1) $1+\mathrm{i}+\mathrm{i}^2+\cdots+\mathrm{i}^{101}$；

(2) $\mathrm{i}\cdot\mathrm{i}^2\cdot\mathrm{i}^3\cdots\mathrm{i}^{104}$.

4. 实数 a,b 为何值时，复数 $z=a+b\mathrm{i}(a,b\in\mathbf{R})$ 对应的点 z 位于：

(1) 一象限；　　(2) 三象限；

(3) x 的负半轴(不含原点)；　　(4) y 的负半轴(不含原点).

3.2　复数的运算

3.2.1　复数的加法与减法

★ 新知识点

1. 复数的加法

(1) 加法法则：设 $z_1=a_1+b_1\mathrm{i}$，$z_2=a_2+b_2\mathrm{i}$，则

$$\begin{aligned}z_1+z_2&=(a_1+b_1\mathrm{i})+(a_2+b_2\mathrm{i})\\&=(a_1+a_2)+(b_1+b_2)\mathrm{i}.\end{aligned}$$

(2) 加法运算律：

① 交换律　$z_1+z_2=z_2+z_1$；

② 结合律　$(z_1+z_2)+z_3=z_1+(z_2+z_3)$.

2. 复数的减法

(1) 减法法则：设 $z_1=a_1+b_1\mathrm{i}$，$z_2=a_2+b_2\mathrm{i}$，则

$$\begin{aligned}z_1-z_2&=(a_1+b_1\mathrm{i})-(a_2+b_2\mathrm{i})\\&=(a_1+b_1\mathrm{i})+(-a_2-b_2\mathrm{i})\\&=(a_1-a_2)+(b_1-b_2)\mathrm{i}.\end{aligned}$$

(2) 加法、减法统一定义：两个复数相加(减)就是把实部与实部、虚部与虚部分别相加减，即

$$(a_1+b_1\mathrm{i})\pm(a_2+b_2\mathrm{i})=(a_1\pm a_2)+(b_1\pm b_2)\mathrm{i}.$$

★ 知识巩固

例 1　计算 $(5+6\mathrm{i})+(2-3\mathrm{i})-(4+\mathrm{i})$.

解　$(5+6\mathrm{i})+(2-3\mathrm{i})-(4+\mathrm{i})$

$=(5+2-4)+(6-3-1)\mathrm{i}$

$=3+2\mathrm{i}.$

例 2 已知 $x\in\mathbf{C}$,解方程 $|z|=1-z+3\mathrm{i}$.

解 设 $z=x+y\mathrm{i}(x,y\in\mathbf{R})$,

于是 $$\sqrt{x^2+y^2}=1-x+(3-y)\mathrm{i}.$$

由复数相等条件,得

$$\begin{cases}1-x=\sqrt{x^2+y^2},\\3-y=0.\end{cases}$$

解得 $$x=4,\quad y=3.$$

故方程解为 $$z=-4+3\mathrm{i}.$$

课堂练习 3.2.1

计算:(1) $(3+2\mathrm{i})+(4-\mathrm{i})$; (2) $5-(2+3\mathrm{i})$;

(3) $(-2-\mathrm{i})+(3+2\mathrm{i})-(1+3\mathrm{i})$; (4) $(2-\mathrm{i})-(3+2\mathrm{i})+3\mathrm{i}$.

3.2.2 复数的乘法与除法

★ 新知识点

1. 复数的乘法

(1) 乘法法则:设 $z_1=a+b\mathrm{i}$,$z_2=c+d\mathrm{i}$,则

$$\begin{aligned}z_1\cdot z_2&=(a+b\mathrm{i})(c+d\mathrm{i})\\&=ac+bc\mathrm{i}+ad\mathrm{i}+bd\mathrm{i}^2\\&=(ac-bd)+(bc+ad)\mathrm{i}.\end{aligned}$$

(2) 乘法运算律:

① 交换律 $z_1\cdot z_2=z_2\cdot z_1$;

② 结合律 $(z_1\cdot z_2)\cdot z_3=z_1\cdot(z_2\cdot z_3)$;

③ 分配律 $z_1(z_2+z_3)=z_1z_2+z_1z_3$.

2. 复数的除法

复数除法法则:设 $z_1=a+b\mathrm{i}$,$z_2=c+d\mathrm{i}(z_2\neq0)$,则

$$\begin{aligned}\frac{z_1}{z_2}&=\frac{a+b\mathrm{i}}{c+d\mathrm{i}}\\&=\frac{(a+b\mathrm{i})\cdot(c-d\mathrm{i})}{(c+d\mathrm{i})(c-d\mathrm{i})}\\&=\frac{ac+bd}{c^2+d^2}+\frac{bc-ad}{c^2+d^2}\mathrm{i}.\end{aligned}$$

★ 知识巩固

例 3 计算 $(1+3\mathrm{i})(2-\mathrm{i})(-1+\mathrm{i})$.

解 原式 $=[(1+3\mathrm{i})(2-\mathrm{i})]\cdot(-1+\mathrm{i})$

$=(5+5\mathrm{i})(-1+\mathrm{i})$

$=-10.$

例4 计算：$(1+3i)\div(2-i)$.

解 原式$=\frac{1+3i}{2-i}$

$=\frac{(1+3i)(2+i)}{(2-i)(2+i)}$

$=\frac{2-3+6i+i}{2^2+1^2}=-\frac{1}{5}+\frac{7}{5}i$.

课堂练习 3.2.2

1. 计算：(1) $(-2-3i)(-2i)$； (2) $(i-1)(-1+i)$.
2. 计算：(1) $\frac{2i}{2+i}$； (2) $\frac{2-i}{4+3i}$.

习题 3.2

1. 计算：(1) $(2+i)-(3+2i)+(4+3i)$；

(2) $(-1+\sqrt{3}i)(1+i)$；

(3) $\frac{1-2i}{4+2i}$.

2. 已知 $z\in\mathbf{C}$,解方程 $|z-2|-z=1+3i$.
3. 已知复数$(2k^2-3k-2)+(k^2+k-6)i$ 是纯虚数且其虚部小于 0,求实数 k.
4. 已知 $a,b\in\mathbf{R}$,且$\frac{a}{1-i}-\frac{b}{1-2i}=\frac{5}{1-3i}$,求 a,b.

本章小结

1. 知识结构

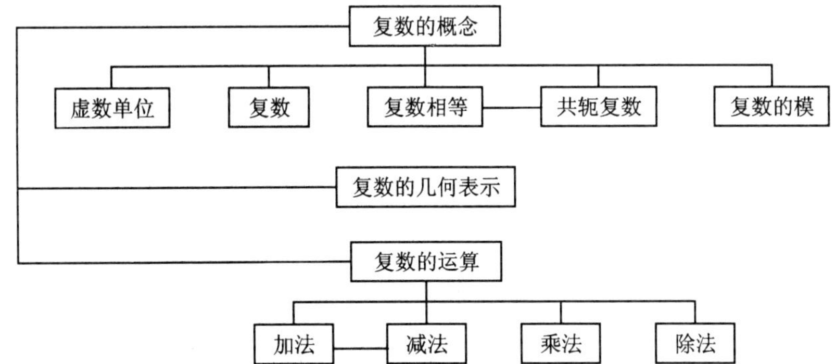

2. 方法总结

(1) 学习本章时,应注意联系以前学过的实数的性质和实数的运算等内容,以便对复数知识有较完整的认识.

(2) 要注意实数、虚数、纯虚数、复数之间的区别与联系. 实数集与虚集均是复数集的真子集,它们的并集是复数集,它们的交集是空集,纯虚数集是虚数集的真子集.

(3) 复数运算类似于多项式的运算,时刻牢记 $i^2=-1$ 并扩充至 $i^{4n}=1, i^{4n+1}=i, i^{4n+2}=-1, i^{4n+3}=-i(n\in\mathbf{Z})$.

复习题 3

1. 选择题

(1) $(1+i)^9=($　　$)$.

A. $16-16i$　　B. $8-8i$　　C. $16+16i$　　D. $8+8i$

(2) $z_1=4+2i, z_2=5-i$,则(　　).

A. $z_1>z_2$　　B. $z_1<z_2$　　C. $|z_1|>|z_2|$　　D. $|z_1|<|z_2|$

(3) 复数 $z=a+bi$ 是纯虚数的充要条件是(　　).

A. $a=0$　　B. $b=0$　　C. $ab=0$　　D. $\frac{a}{b}=0$

(4) 若 $z_1=2+i, z_2=3-2i$,则 $\overline{z_1+z_2}=($　　$)$.

A. $5+i$　　B. 5　　C. $5-i$　　D. $-5+i$

(5) $i\cdot i^3\cdot i^5\cdot\cdots\cdot i^{99}=($　　$)$.

A. -1　　B. 1　　C. $-i$　　D. i

(6) $\frac{1+i}{1-i}=($　　$)$.

A. -1　　B. 1　　C. $-i$　　D. i

2. 填空题

(1) 设 $z=\mathbf{C}$,且 $(1+i)z=(1-i)$,则 $z=$________.

(2) 若 $(m+i)^2$ 是纯虚部,则实数 $m=$________________.

(3) 设 $z\in\mathbf{C}$,且 $(3+z)\cdot i=1$,则 $z=$________________.

3. 解答题

(1) x 为何值时,$(2x^2+5x-3)+(6x^2-x-1)i$ 为

① 实数;　　② 虚数;　　③ 纯虚数;　　④ 0.

(2) 计算:① $\frac{1}{(1+i)^2}+\frac{1}{(1-i)^2}$;　　② $(1+i)^7(1-i)+\frac{1+4i}{3-2i}$.

趣味阅读

复数的发展历程

复数的概念是从实践中产生和发展起来的. 早在人类社会初期,人们在狩猎、采集果实等劳动中,由于计数的需要,就产生了自然数. 随着生产和科学的发展,数的概念也得到了发展,为了解决测量、分配中遇到的将某些量进行等分的问题,人们引进了分数;为了满足记数需要和表示具有相反意义的量,人们引进了负数;为了解决开方开不尽的矛盾,人们引进了无理数;在解方程时,为了使负数开平方有意义,人们引进了虚数,进而从实数系扩充到复数系.

在很久以前,许多数学家都认为负数没有平方根. 1545 年意大利科学家卡尔丹在解一元

二次方程 $x(10-x)=40$ 时，大胆地提出：

因为

$$(5+\sqrt{-15})+(5-\sqrt{-15})=5+5=10,$$

$$(5+\sqrt{-15})(5-\sqrt{-15})=25-(-15)=40.$$

所以可以把 10 分成两部分，使它们的乘积等于 40，这两部分就是 $(5+\sqrt{-15})$ 和 $(5-\sqrt{-15})$. 卡尔丹在解一元三次方程时，又一次运用了负数的平方根. 他肯定了负数的平方根的用处，并把负数的平方根称为“诡辨量”.

“实数”“虚数”这两个词是由法国数学家笛卡儿在 1637 年率先提出的，而用 i 表示虚数单位是 18 世纪著名数学家欧拉的功劳. 后人在这两个成果的基础上，把实数和虚数结合起来，记成 $a+b\mathrm{i}$ 形式，称为复数.

虚数的发现引起了数学界的一片困惑，很多数学家都不承认虚数. 德国数学家莱布尼兹在 1702 年说：“虚数是神灵循迹的精微而奇异的隐避所，它大根是存在和虚妄两界中的两栖物”. 欧拉尽管用它，但也认为虚数是虚幻的.

然而，真理性的东西一定可以经得住时间和空间的考验，最终占有自己的一席之地.

法国数学家棣莫弗在 1730 年发现了著名的棣莫弗定理

$$(\cos\theta+\mathrm{i}\sin\theta)^n=\cos\theta+\mathrm{i}\sin\theta \qquad (\theta\in\mathbf{Z}).$$

瑞士科学家欧拉在 1777 年发现了著名的关系式

$$\mathrm{e}^{\mathrm{i}\theta}=\cos\theta+\mathrm{i}\sin\theta.$$

值得一提的是，欧拉的一个惊人等式 $\mathrm{e}^{\mathrm{i}\pi}+1=0$ 包含了现代数学中最重要的一些常数.

1797 年，挪威数学家维赛尔在平面内引进数轴，以实轴与虚轴所确定的平面向量表示虚数，不同的向量对应不同的点，他还用几何术语定义了虚数与向量的运算，揭示了虚数及其运算所具有的几何意义.

第 4 章　排列、组合与二项式定理

排列、组合问题联系实际，生动有趣，题型多样，思路灵活，对培养学生的数学学习兴趣和思维能力有很大的帮助.

排列、组合是概率统计的基础，在计算机、企业管理等方面应用广泛.

4.1　两个基本原理

★ 新知识点

1. 分类计数的加法原理

实例观察：从甲地到乙地，可以乘火车，也可以乘汽车. 一天中，火车有 3 班，汽车有 5 班，从而一天中乘火车有 3 种走法，乘汽车有 5 种走法，所以从甲地到乙地一天中共有 $3+5=8$ 种不同的走法.

一般地，有如下原理：

分类计数的加法原理　完成一件事，有 n 类办法，在第 1 类办法中有 m_1 种不同的方法，在第 2 类办法中有 m_2 种不同的方法……在第 n 类办法中有 m_n 种不同的方法. 那么完成这件事共有 $N=m_1+m_2+\cdots+m_n$ 种不同的方法.

提醒：各类办法之间相互独立，每类办法都能完成这件事.

2. 分步计数的乘法原理

实例观察：从甲地到乙地，要从甲地乘火车到丙地，再于次日从丙地乘汽车到乙地. 一天中，火车有 3 班，汽车有 5 班，从而两天中乘火车有 3 种走法，乘汽车有 5 种走法，所以乘一次火车再接乘一次汽车从甲地到乙地共有 $3\times5=15$ 种不同的走法.

一般地，有如下原理：

分步计数的乘法原理　完成一件事，需要分析成 n 个步骤，做第 1 步有 m_1 种不同的方法，做第 2 步有 m_2 种不同的方法……做第 n 步有 m_n 种不同的方法. 那么完成这件事共有 $N=m_1\times m_2\times\cdots\times m_n$ 种不同的方法.

提醒：各个步骤相互依存，每一个步骤不能单独完成这件事，只有连续完成这 n 个步骤之后，这件事才算完成.

★ 知识巩固

例 1　书架上第 1 层放有 3 本不同文艺书，第 2 层放有 2 本不同的体育书，第 3 层放有 4 本不同的计算机书.（1）从书架上任取 1 本书，有多少种不同的取法？（2）从书架上第 1,2,3，层各取 1 本书，有多少种不同的取法？

解　（1）从书架上任取一本书，有 3 类方法：第 1 类是从第 1 层取 1 本文艺书，有 3 种方法；第 2 类是从第 2 层取 1 本体育书，有 2 种办法；第 3 类是从第 3 层取 1 本计算机有 4 种办法. 根据分类计数的加法原理，从书架上任取 1 本书的不同取法种数是

$$N=m_1+m_2+m_3=3+2+4=9.$$

(2) 从书架上的第 1,2,3 层各取 1 本书,可以分成 3 个步骤完成:第 1 步,从第 1 层取 1 本文艺书,有 3 种方法;第 2 步,从第 2 层取 1 本体育书,有 2 种方法;第 3 步,从第 3 层取 1 本计算机书,有 4 种办法. 根据分步计数的乘法原理,从书架上的第 1,2,3 层各取 1 本书的不同取法种数是

$$N = m_1 \times m_2 \times m_3 = 3 \times 2 \times 4 = 24.$$

例 2　一种号码锁有 3 个拨号盘,每个拨号盘上有从 0 到 9 共 10 个数字,这个拨号盘可以组成多少个三位数字号码?

解　号码锁的每个拨号盘有 0 到 9 这 10 个数字,故每个拨号盘上的数字有 10 种取法. 根据分步计数原理,3 个拨号盘上各取 1 个数字组成的三位数字号码的个数是

$$N = 10 \times 10 \times 10 = 1\ 000.$$

课堂练习 4.1

填空:

(1) 一个工作可以用两种不同方法完成,有 6 人会用第 1 种方法完成,另有 4 人会用第 2 种方法完成,从中选出 1 人来完成这件工作,不同选法的种数是________;

(2) 从甲村去乙村的道路有 2 条,从乙村去丙村的道路有 5 条. 从甲村经乙村去丙村,不同的走法种数是________.

习题 4.1

1. 学校礼仪队中有一年级的学生 2 名,二年级的学生 10 名,三年级学生 5 名. (1) 从中任选 1 人参加接待外宾的活动,有多少种不同的选法? (2) 从 3 个年级的学生中各选 1 人参加接待外宾的活动,有多少种不同的选法?

2. 把 10 个石榴分成三堆,每堆至少 1 个,至多 5 个,不同的分法有多少种?

3. 从 5 位同学中选择 1 名组长,1 名副组长,有多少种不同的选法?

4.2　排　　列

★ 新知识点

1. 排列的定义

实例观察:从 3 个不同的字母 a,b,c 中任取 2 个,然后按一定的顺序排成一列,所有不同的排列为 ab,ac,ba,bc,ca,cb,这些排列的种数是 $3\times2=6$.

一般地,从 n 个不同的元素中任取 $m(m\leqslant n)$ 个元素,按一定的顺序排成一列,称为从 n 个不同元素中任取 m 个元素的一个排列.

特别地,n 个不同元素全部取出的一个排列,称为 n 个不同元素的一个全排列.

提醒:对于排列需要注意,(1) 两个内容,即"取出元素"和"按一定的顺序排列";(2) 一个核心,即与元素的顺序有关.

2. 排列数公式

从 n 个不同元素中取出 $m(m\leqslant n)$ 个元素的所有排列的个数称为从 n 个不同元素中任取

m 个元素的排列数,记为 A_n^m.

实例观察中,是从 3 个不同元素中任取 2 个元素的排列数,记为 $A_3^2=3\times2=6$.

排列数 A_3^2 可以这样考虑:假定有排好顺序的 2 个空位,从 3 个不同元素 a,b,c 中任取两个去填空.

第 1 步,从 3 个元素中任选 1 个填空,有 3 种方法;

第 2 步,从剩余的 2 个元素中任选 1 个填空,有 2 种方法.

根据分步计数的乘法原理,排列数 $A_3^2=3\times2=6$.

一般地,排列数 A_n^m 可以按依次填 m 个空位来考虑:假定有 m 个排好顺序的空位,从 n 个不同元素 $a_1,a_2,a_3\cdots a_n$ 中任取 m 个去填空.

第 1 步,第 1 位可从 n 个元素中任选 1 个填上,有 n 种填法;

第 2 步,第 2 位只能从剩余的 $n-1$ 个元素中任选 1 个填上,有 $n-1$ 种填法;

⋮

第 m 步,第 m 位只能从余下的 $n-(m-1)$ 个元素中任选 1 个填上,有 $n-m+1$ 种填法.

根据分步计数的乘法原理,全部填完 m 个空位共有 $n(n-1)(n-2)\cdots(n-m+1)$ 种填法.于是得到排列数公式

$$A_n^m=n(n-1)(n-2)\cdots(n-m+1)=\frac{n!}{(n-m)!}.$$

特别是全排列数公式

$$A_n^n=n(n-1)(n-2)\cdots2\times1=n!.$$

提醒:(1) 正整数 1 到 n 的连乘积,称为 n 的阶乘,记为 $n!$;

(2) 特例 $0!=1$.

★ 知识巩固

例 1 计算:

(1) A_6^2; (2) A_6^4; (3) A_6^6.

解 (1) $A_6^2=6\times5=30$;

(2) $A_6^4=6\times5\times4\times3=360$;

(3) $A_6^6=6!=6\times5\times4\times3\times2\times1=720$.

例 2 (1) 有 5 种不同的书,要买 3 本送给 3 名同学,每人各 1 本,共有多少种选法?

(2) 有 5 本不同的书,从中选 3 本,每人各 1 本,共有多少种选法?

解 (1) 由于有 5 种不同的书,送给每一同学 1 本书都有 5 种不同的选购方法. 据分步计数的乘法原理,得不同的选法数是 $5\times5\times5=125$.

(2) 从 5 本不同的书中选出 3 本分别送给 3 名同学,相当于从 5 个元素中任取 3 个元素的一个排列,则不同的选法数为 $A_5^3=5\times4\times3=60$.

例 3 用 0 到 9 这 10 个数字,可组成多少个没有重复数字的三位数?

解法 1 **直接法:**由于没有重复数字的三位数中,百位上的数字不能是 0,有 A_9^1 种选法;十位和个数上的数字,可从余下的 9 个数字中任选 2 个,有 A_9^2 种选法. 根据分步计数的乘法原理,所求三位数的个数是

$$A_9^1\cdot A_9^2=9\times9\times8=648.$$

解法 2 **间接法:**从 0~9 这 10 个数字中任取 3 个数字的排列数为 A_3^3,其中 0 为排头(即

百位是 0 的数字)的排列数为 A_3^2,从而它们的差就是用这 10 个数字组成的没有重复数字的三位数的个数,即所求的三位数的个数是

$$A_3^3 - A_3^2 = 10 \times 9 \times 8 - 9 \times 8 = 648.$$

提醒:有限制条件的排列,须关注被限制元素的适应性.

课堂练习 4.2

1. 计算:

(1) A_4^2;　　　(2) $A_4^4 - A_4^2$.

2. 若 $\dfrac{A_n^7 - A_n^5}{A_n^5} = 89$,求 n 的值.

3. 从参加乒乓球团体赛的 5 名运动员中选出 3 名进行某一场比赛,并排定他们的出场顺序,有多少种不同的方法?

习题 4.2

1. 求下列各式中的 n.

(1) $A_{2n}^3 = 10A_n^3$;　　　(2) $\dfrac{A_n^5 - A_n^4}{A_n^3} = 4$.

2. (1) 由 1,2,3,4,5 可组成多少个没有重复数字的正五位数?(2) 由 1,2,3,4,5 可组成多少个没有重复数字的正五位偶数?

3. 4 名男生和 3 名女生站成一排照相,要求:(1) 女生要排在一起;(2) 女生互不相邻. 问各有多少种排法?

4.3　组　合

4.3.1　组合的概念

★ 新知识点

1. 组合定义

实例观察:从甲、乙、丙 3 名同学中任选 2 名去参加一项活动,所有不同的选法为

甲、乙,　乙、丙,　丙、甲.

这些选法种数是 $\dfrac{3 \times 2}{2 \times 1} = 3$.

一般地,从 n 个不同的元素中任取 $m(m \leqslant n)$ 个元素并成一组,称为从 n 个不同元素中取出 m 个元素的一个组合.

提醒:对于组合需要注意,(1) 一个内容,即"取出元素". (2) 一个核心,即与元素的顺序无关.

2. 组合数公式

从 n 个不同元素中取出 $m(m \leqslant n)$ 个元素的所有组合的个数,称为从 n 个不同元素中任取

m 个元素的组合数,记为 C_n^m.

实例观察中,是从 3 个不同元素中任取 2 个元素的组合数,记为 $C_3^2=\dfrac{3\times2}{2\times1}=3$.

从甲、乙、丙 3 名同学中任选 2 名同学的排列数由 A_3^2 可求得,现考察一下 C_3^2 与 A_3^2 的关系.

求从 3 个不同元素任取 2 个元素的排列数 A_3^2 可分两步:

第 1 步,从 3 个不同元素任取 2 个元素的组合,有 $C_3^2=3$ 个;

第 2 步,对每一个组合中的 2 个元素作全排列,有 $A_2^2=2$ 个.

根据分步计数的乘法原理,有

$$A_3^2=C_3^2\cdot A_2^2,$$

即

$$C_3^2=\frac{A_3^2}{A_2^2}.$$

一般地,求从 n 个不同元素中任取 m 个元素的排列数 A_n^m,可分成两步:

第 1 步,先求出从这 n 个不同元素中任取 m 个元素的组合数 C_n^m;

第 2 步,求每一个组合中 m 个元素的全排列组 A_n^n.

根据分步计数的乘法原理有

$$A_n^m=C_n^m\cdot A_m^m,$$

于是得组合数公式

$$\begin{aligned}C_n^m&=\frac{A_n^m}{A_m^m}\\&=\frac{n(n-1)(n-2)\cdots(n-m+1)}{m!}\\&=\frac{n!}{m!(n-m)!}.\end{aligned}$$

提醒:$C_n^0=C_n^n=1$.

★ 知识巩固

例 1 计算:

(1) C_7^3; (2) C_{10}^4.

解 (1) $C_7^3=\dfrac{7\times6\times5}{3\times2\times1}=35$;

(2) $C_{10}^4=\dfrac{10\times9\times8\times7}{4\times3\times2}=210$.

例 2 把 6 本不同的书平均分给甲、乙、丙三名学生,有多少种不同的分法?

解 由于三个人一个一个地来取书,甲从 6 本不同的书中任取 2 本有 C_6^2 种取法;乙再从余下的 4 本不同的书中任取 2 本有 C_4^2 种取法;丙从余下的 2 本不同的书中取 2 本有 C_2^2 种取法. 由分步计数的乘法原理得,6 本不同的书平均分给甲、乙、丙三名学生的方法数为

$$C_6^2\cdot C_4^2\cdot C_2^2=\frac{6\times5}{2\times1}\times\frac{4\times3}{2\times1}\times\frac{2\times1}{2\times1}=90.$$

例 3 在 20 件产品中混有 4 件次品,现从中任取 3 件进行检查,问抽取的 3 件产品有 1 件次品的方法有多少种?

解 由抽取 3 个产品中有 1 件次品,首先从 16 件正品抽取 $3-1=2$ 件正品,有 C_{16}^2 种方

法，其次从 4 件次品中抽取 1 个次品，有 C_4^1 种方法. 由分步计数的乘法原理得抽取的 3 件产品中有 1 件次品的方法数为

$$C_{16}^2 \cdot C_4^1 = \frac{16 \times 15}{2 \times 1} \times 4 = 480.$$

课堂练习 4.3.1

1. 计算：

(1) C_6^2；　　　(2) $C_8^3 - C_7^2$.

2. 若平面内 A, B, C, D 这 4 个点中任意 3 个点不在同一直线上，求由这 4 个点所构成的不同三角形的个数.

4.3.2　组合数的性质

★ 新知识点

性质 1　$C_n^m = C_n^{n-m}$.

证明　$C_n^m = \dfrac{n!}{m!\,(n-m)!}$,

$$C_n^{n-m} = \frac{n!}{(n-m)!\,[n-(n-m)]!} = \frac{n!}{m!\,(n-m)!}.$$

∴
$$C_n^m = C_n^{n-m}.$$

提醒：当 $m > \dfrac{n}{2}$ 时，通常将计算 C_n^m 改为计算 C_n^{n-m} 进行，以简化计算.

性质 2　$C_{n+1}^m = C_n^m + C_n^{m-1}$.

证明　左边 $= C_n^m + C_n^{m-1}$

$$= \frac{n!}{m!\,(n-m)!} + \frac{n!}{(m-1)!\,[n-(m-1)]!}$$

$$= \frac{n!\,(n-m+1) + n!\,m}{m!\,(n-m+1)!}$$

$$= \frac{n!\,[(n-m+1)+m]}{m!\,(n-m+1)!}$$

$$= \frac{(n+1)!}{m!\,[(n+1)-m]!}$$

$= C_{n+1}^m =$ 右边.

∴
$$C_{n+1}^n = C_n^m + C_n^{m-1}.$$

★ 知识巩固

例 4　求 $C_{2n}^{17-n} \cdot C_{13+n}^{3n}$ 的值.

解　要使 C_{2n}^{17-n} 和 C_{13+n}^{3n} 有意义，需要

$$\begin{cases} 2n \geqslant 17 - n \\ 13 + n \geqslant 3n \end{cases} \quad (n \in \mathbf{N}^*)$$

即
$$\frac{17}{3} \leqslant n \leqslant \frac{13}{2} \quad (n \in \mathbf{N}^*).$$

有
$$n = 6.$$

$$\therefore \quad C_{2n}^{17-n} \cdot C_{13+n}^{3n} = C_{12}^{11} \cdot C_{19}^{18}$$
$$= C_{12}^{1} \cdot C_{19}^{1} = 12 \times 19 = 228.$$

例 5 一个口袋内装大小相同的 7 个白球和 1 个黑球.

(1) 从口袋内取出 3 个球,共有多少种取法?

(2) 从口袋内取出 3 个球,其中含有 1 个黑球,有多少种取法?

(3) 从口袋内取出 3 个球,其中不含黑球,有多少种取法?

解 (1) 从口袋内的 8 个球取出 3 个球,取法种数是

$$C_8^3 = \frac{8 \times 7 \times 6}{3 \times 2 \times 1} = 56.$$

(2) 从口袋内取出的 3 个球中有 1 个是黑球,于是还需要从 7 个白球中再取出 2 个,取法种数是

$$C_7^2 = \frac{7 \times 6}{2 \times 1} = 21.$$

(3) 从口袋内取出的 3 个球中不含黑球,于是需要从 7 个白球中取出 3 个,取法种数是

$$C_7^3 = \frac{7 \times 6 \times 5}{3 \times 2 \times 1} = 35.$$

课堂练习 4.3.2

1. 求值:

(1) C_{12}^{11};　　(2) $C_7^3 + C_7^4 + C_8^5$.

2. 在 100 件产品中混入 2 件次品,从这 100 件产品中任意抽取 3 件.

(1) 一共有多少不同的取法?

(2) 抽取的 3 件中恰有 1 件次品的取法有多少?

(3) 抽取的 3 件中至少 1 件次品的取法有多少?

习题 4.3

1. 计算:

(1) C_{10}^3;　　(2) C_{200}^{199};　　(3) $C_{n+1}^{n} \cdot C_n^{n-2}$.

2. 圆上有 8 个点. (1) 过每 2 个点画一条弦,一共可画多少条弦? (2) 过每 3 个点画一个圆内接三角形,一共可画多少个圆内接三角形?

3. 从 5 名男生和 4 名女生中选出 4 人参加文艺演出.

(1) 若 4 人中男生和女生各去 2 人,有多少种选法?

(2) 若甲男生和乙女生必须在内,有多少种选法?

(3) 若甲男生和乙女生中至少有 1 人有内,有多少种选法?

(4) 若 4 人中必须既有男生又有女生,有多少种选法?

4. 6 人同时被邀请参加一项活动,必须有人去,去几人自行决定,共有多少种不同的去法?

4.4　二项式定理

★ 新知识点

1. 二项式定理

实例观察：在初中代数已学过的完全平方和立方公式中，有

$$(a+b)^2=a^2+2ab+b^2=C_2^0a^2+C_2^1ab+C_2^2b^2,$$

$$(a+b)^3=a^3+3a^2b+3ab^2+b^3=C_3^0a^3+C_3^1a^2b+C_3^2ab^2+C_3^3b^3.$$

容易得到

$$(a+b)^4=C_4^0a^4+C_4^1a^3b+C_4^2a^2b^2+C_4^3ab^3+C_4^4b^4,$$

一般地，对于任意正整数 n，均有

$$(a+b)^n=C_n^0a^n+C_n^1a^{n-1}b+\cdots+C_n^ra^{n-r}b^r+\cdots+C_n^nb^n\quad(n\in\mathbf{N}^*).$$

这一公式表示的定理称为二项式定理. 右边的多项式称为$(a+b)^n$ 的二项展开式，它一共有 $n+1$ 项，其中各项系数 $C_n^r(r=0,1,2,3,\cdots,n)$称为二项式系数，式中的 $C_n^ra^{n-r}b^r$ 称为二项展开式的通项，用 T_{r+1} 表示，即通项是展开式的第 $r+1$ 项

$$T_{r+1}=C_n^ra^{n-r}b^r.$$

特例(1)在二项式定理中，若设 $a=1,b=x$，有

$$(1+x)^n=1+C_n^1x+C_n^2x^2+\cdots+C_n^rx^r+\cdots x^n.$$

(2) 在二项式定理中，若设 $a=1,b=1$，有

$$C_n^0+C_n^1+C_n^2+\cdots+C_n^r+\cdots C_n^n=(1+1)^n=2^n.$$

(3) 在二项式定理中，若设 $a=1,b=-1$，有

$$C_n^0-C_n^1+C_n^2-C_n^3+\cdots+(-1)^nC_n^n=(1-1)^n=0.$$

得公式

$$C_n^0+C_n^2+\cdots=C_n^1+C_n^3+\cdots$$

提醒：(1) 由于组合数有公式 $C_n^m=C_n^{n-m}$，从而与首末两端“等距离”的两个二项式系数相等；

(2) 二项式系数在中间项取得最大值. 当 n 为偶数时，中间一项 $C_n^{\frac{n}{2}}$ 取最大值；当 n 为奇数时，中间两项 $C_n^{\frac{n-1}{2}}$ 和 $C_n^{\frac{n+1}{2}}$ 相等且同时取最大值.

★ 知识巩固

例 1　展开二项式.

(1) $\left(1+\dfrac{1}{x}\right)^4$；　　(2) $\left(2\sqrt{x}-\dfrac{1}{\sqrt{x}}\right)^6$.

解　(1) $\left(1+\dfrac{1}{x}\right)^4=1+C_4^1\left(\dfrac{1}{x}\right)+C_4^2\left(\dfrac{1}{x}\right)^2+C_4^3\left(\dfrac{1}{x}\right)^3+C_4^4\left(\dfrac{1}{x}\right)^4$

$=1+\dfrac{4}{x}+\dfrac{6}{x^2}+\dfrac{4}{x^3}+\dfrac{1}{x^4}$.

(2) $\left(2\sqrt{x}-\dfrac{1}{\sqrt{x}}\right)^6$

$=\dfrac{1}{x^3}(2x-1)^6$

$$=\frac{1}{x^3}[(2x)^6-C_6^1(2x)^5+C_6^2(2x)^4-C_6^3(2x)^3+C_6^4(2x)^2-C_6^5(2x)+C_6^6]$$

$$=\frac{1}{x^3}(64x^6-192x^5+240x^4-160x^3+60x^2-2x+1)$$

$$=64x^3-192x^2+240x-160+\frac{60}{x}-\frac{12}{x^2}+\frac{1}{x^3}.$$

例 2 (1) 求$(x+1)^{12}$展开式中的倒数第 4 项.

(2) 求$(1+2x)^7$ 展开式中的第 4 项的系数.

(3) 求$\left(x-\frac{1}{x}\right)^9$ 展开式中 x^3 的系数.

解 (1) $(x+1)^{12}$共有 13 项,从而倒数第 4 项是展开式中的第 10 项是

$$T_{9+1}=C_{12}^9x^{12-9}=C_{12}^3x^3=220x^3.$$

(2) $(1+2x)^7$ 展开式中的第 4 项是

$$T_{3+1}=C_7^3(2x)^3=C_7^3\cdot 2^3\cdot x^3=35\times 8x^3=280x^3.$$

∴ 展开式中第 4 项的系数是 280.

(3) $\left(x-\frac{1}{x}\right)^9$ 展开式中的通项是

$$T_{r+1}=C_9^rx^{9-r}\left(-\frac{1}{x}\right)^r=(-1)^rC_9^rx^{9-2r}.$$

由题意得 $$9-2r=3,$$

即 $$r=3.$$

故 x^3 的系数是$(-1)C_9^3=-84$.

提醒:$(1+2x)^7$ 的二项展开式的第 4 项的二项式系数 $C_7^3=35$ 与第 4 项的系数 $C_7^3\cdot 2^3=280$ 是两个不同的概念.

课堂练习 4.4

1. 分别求出$(x^3+2x)^7$ 展开式的第 4 项的二项式系数和第 4 项的系数.
2. 求$(2a+3b)^6$ 展开式的第 3 项.

习题 4.4

1. (1) 求$(2a^3-3b^2)^5$ 展开式中的第 3 项.

(2) 求$\left(\frac{\sqrt{x}}{3}+\frac{3}{\sqrt{x}}\right)^6$ 展开式中的中间项.

(3) 求$\left(2x^3-\frac{1}{2x^2}\right)^{10}$ 展开式中的常数项.

2. 用二项式定理证明:(1) $(n+1)^n-1$ 能被 n^2 整除;

(2) $99^{10}-1$ 能被 1 000 整除.

3. 若$(x-2x)^{2\,017}=a_0+a_1x+a_2x^2+\cdots+a_{2\,017}x^{2\,017}$,求$(a_0+a_1)+(a_0+a_2)+(a_0+a_3)+\cdots+(a_0+a_{2\,017})$的值.

本章小结

1. 知识结构

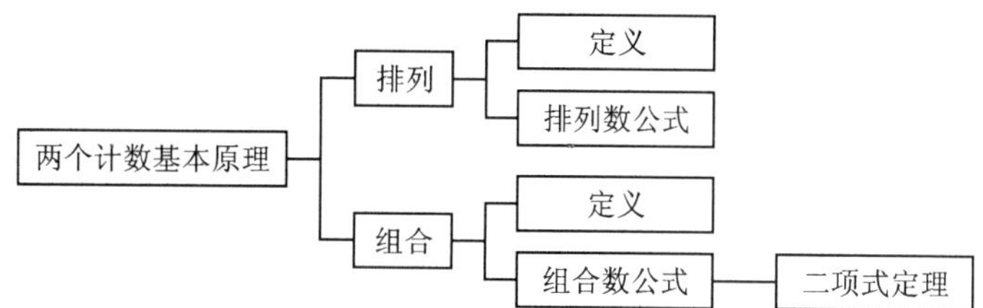

2. 方法总结

(1) 学习本章时，须深刻理解分类与分步、排列与组合等概念的意义. 对于一些容易混淆的概念，如排列与排列数、组合与组合数、排列与组合、二项式系数与二项展开式中项的系数等，应注意弄清它们之间的联系与区别.

(2) 对于排列组合应用题，注意从不同的角度去探讨，灵活运用解题方法，以开阔思维，提高解题能力.

(3) 掌握二项式定理和二项展开式的特征，计算与证明一些简单问题.

复习题 4

1. 选择题

(1) 下列问题属于组合问题的是(　　).

① 在 10 个人中每 2 人相互握手一次；

② 在 10 个人中每 2 人相互写一封信；

③ 在 10 个人选出 3 人分别完成三项不同的任务；

④ 在 10 个人选出 6 人组成班委会成员.

A. ①③　　B. ②④　　C. ①④　　D. ①③④

(2) 某班 40 名学生分别报名参加微机、航模、天文三个课外小组，每人报一种，则报名方式共有(　　)种.

A. A_{40}^{4}　　B. C_{40}^{3}　　C. 40^{3}　　D. 3^{40}

(3) 把 12 人分成两组，一组 8 人，另一组 4 人，则不同分法为(　　).

A. A_{12}^{8}　　B. C_{12}^{8}　　C. $C_{12}^{8}+C_{12}^{4}$　　D. $A_{12}^{8}+A_{12}^{4}$

(4) 若 $n\geqslant 18, n\in \mathbf{N}^{*}$，则 $(n-7)(n-6)\cdots(n-17)=$(　　).

A. A_{n-7}^{10}　　B. A_{n-7}^{17}　　C. A_{n-17}^{11}　　D. A_{n-7}^{11}

(5) 要排出一张 5 个唱歌和 3 个舞蹈的节目单，任何两舞蹈节目不相邻，有(　　)种节目排法.

A. $A_{3}^{3}\cdot A_{5}^{5}$　　B. $A_{5}^{5}A_{6}^{3}$　　C. $C_{5}^{5}C_{6}^{3}$　　D. $A_{5}^{5}C_{6}^{3}$

(6) $\left(\sqrt{x}-\dfrac{2}{3\sqrt{x}}\right)^{n}$ 展开式中存在常数项，则 n 的值可以是(　　).

A. 8　　B. 9　　C. 10　　D. 12

(7) 今天是星期一,3^{30}天以前的第一天是星期(　　).

A. 六　　B. 日　　C. 二　　D. 三

2. 填空题

(1) 用数字1,2,3,4,5可组成无重复数字的自然数个数是________.

(2) 2个女生3个男生共5人站成一排,其中2个女生必须站在两端,则不同的排法有________种.

(3) 满足$\{a,b\}\subseteq A\subseteq\{a,b,c,d,e,f\}$的集合$A$有________个.

(4) 二项式$\left(\frac{3}{x}-\sqrt[3]{x^2}\right)^5$展开式中的常数项为________.

3. 解答题

(1) 从6名男生和5名女生中分别选出3人,组3个调查小组,每小组由一名男生和一名女生组成,求组成调查小组的方案种数?

(2) 有甲、乙、丙三项任务,甲需要2人承担,乙、丙各需要1人承担,从6人中选出4人承担这三项任务,有多少种不同的选择方法?

(3) 若$n\in\mathbf{N}^*$,求证:$3^{2n+2}-n-9$能被64整除.

趣味阅读

从集合角度看排列与组合

从3个不同元素a,b,c中取出2个元素的所有排列是ab,ac,ba,bc,ca,cb,这些排列组成一个集合A. 于是从3个不同元素中取出2个元素的排列数,实际就是求集合A的元素个数

$$\text{Card}(A)=6.$$

同样,从3个不同元素a,b,c中取出2个元素的所求组合是ab,ac,bc,这些组合组成一个集合B. 于是从3个不同元素中取出2个元素的组合数,实际就是求集合B的元素个数

$$\text{Card}(B)=3.$$

一般地,由于集合表示的直观性,采用集合方法便于将一些较复杂的排列与组合的应用问题分析清楚. 可以看一下例子:甲、乙、丙、丁、戊5人站成一排,要甲、乙均不与丙相邻,有多少种排法?

设　$U=\{5人站成一排的排列\}$,

$A=\{U中甲与丙相邻的排列\}$,

$B=\{U中乙与丙相邻的排列\}$.

于是

$$A\cap B=\{U中甲、乙均与丙相邻的排列\},$$

$$A\cup B=\{U中甲与丙相邻或乙与丙相邻的排列\},$$

$$\complement_U(A\cup B)=\{U中甲、乙均不与丙相邻的排列\}.$$

甲与丙相邻的排列数

$$\text{Card}(A)=\text{A}_4^4\cdot\text{A}_2^2,$$

乙与丙相邻的排列数

$$\text{Card}(B)=\text{A}_4^4\cdot\text{A}_2^2,$$

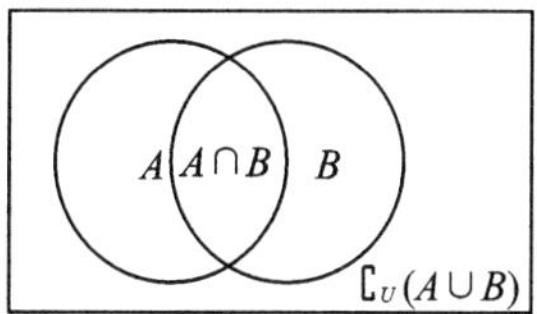

甲、乙均与丙相邻的排列数

$$\mathrm{Card}(A\cap B)=\mathrm{A}_3^3\mathrm{A}_2^2.$$

所以

$$\begin{aligned}&\mathrm{Card}(\complement_U(A\cup B))\\&\quad=\mathrm{Card}(U)-\mathrm{Card}(A\cup B)\\&\quad=\mathrm{Card}(U)-[\mathrm{Card}(A)+\mathrm{Card}(B)-\mathrm{Card}(A\cap B)]\\&\quad=\mathrm{A}_5^5-\mathrm{A}_4^4-\mathrm{A}_4^4\mathrm{A}_2^2+\mathrm{A}_3^3\mathrm{A}_2^2\\&\quad=120-48-48+12=36.\end{aligned}$$

即 5 人站成一排，且甲、乙均不与丙相邻的排法有 36 种.

用集合方法考察比较复杂的排列与组合问题时，将问题中限制条件间的关系转化为可用集合图形表示出来的集合间的运算关系，从而通过求出一些集合的元素个数，使问题得到解决.

第 5 章 概率初步

5.1 事件与概率

★ 新知识点

5.1.1 随机现象

在自然界和人类社会里，人们在现实世界中经常会遇到两类不同的现象，必然现象和随机现象.

我们知道，纯水在标准大气压下加热到 100 ℃必沸腾；把一块石头抛向空中，它会掉到地面上；一个人随着年龄的增长，一定会衰老、死亡……这类现象称为必然现象.

提醒：必然现象是在一定条件下必然发生某种结果的现象.

事实上，还存在着一些与上述现象在本质上不同的现象：在给定条件下，这类现象可能发生，也可能不发生，其结果是无法事先预测的，这种现象称为随机现象.

★ 知识巩固

例 1 我们在玩麻将游戏投掷一枚骰子时，朝上一面的点数是随机的，不能确定 1，2，3，4，5，6 中的哪一个点数出现，这是一种随机现象.

例 2 在实习工厂，一批 10 个同类产品中，有 7 个正品、3 个次品. 从中任意抽出 4 个检验. 那么，“抽到 1 个次品”“抽到 3 个次品”“抽到 4 个正品”“抽到 2 个次品、2 个正品”这四种结果都有可能出现，至于出现哪一种结果，无法提前知道，这是一种随机现象.

例 3 我们在参加学校组织的篮球比赛中，由于对方运动员的犯规让我方运动员在罚球线投篮时，对于每次投篮，我方运动员可能投进，也可能投不进，即使我方运动员的篮球技术再好，也不能保证每投必进，我们只能说，投进的可能性比较大，这也是一种随机现象.

例 4 我们通常把硬币上刻有国徽的一面称为正面，现在任意掷一枚质地均匀的硬币，可能出现“正面朝上”，也可能出现“反面朝上”，究竟得到哪一种结果，事先不能确定，这也是一种随机现象.

提醒：随机现象都具有这样的共同特点，在相同的条件下重复观察同一现象，每次观察到的结果不一定相同，事先很难预料哪一种结果会出现.

在研究随机现象的过程中，需要对随机现象进行观察. 我们把观察随机现象或某种目的而进行的实验统称为试验. 例 1 中的掷骰子、例 2 中的产品抽样检验、例 3 中的运动员投篮等都是试验.

提醒：概率中所讨论的试验(随机试验)共有以下三个特点.

(1) 可以在相同的条件下重复进行；

(2) 每次试验的可能结果不止一个，并且能事先明确试验的所有可能结果；

(3) 进行一次试验之前不能确定哪一个结果会出现.

课堂练习 5.1.1

1. 判断以下现象是否是随机现象.

(1) 袋中有红、黄、绿色球各一个，现从袋中任意抽取一球，结果是黄球；

(2) 三角形的内角和为 180°；

(3) 某路口单位时间内发生交通事故的次数；

(4) 汽油遇火会猛烈燃烧；

(5) 天气预报说明天降雨的概率是 70%.

2. 请举出 2～3 个随机现象的例子.

★ 新知识点

5.1.2　事件与基本事件空间

我们把试验的不可能再分的结果称为一个基本事件. 由若干个基本事件组成的事件称为复合事件，基本事件和复合事件都是随机事件，简称事件，通常用大写字母 $A,B,C,D\cdots$ 表示，所有基本事件构成的集合称为基本事件空间，一般用大写希腊字母 Ω 表示.

同时，当我们在同样的条件下重复进行试验时，有的结果在每次试验中一定会发生，称它为必然事件；有的结果始终不会发生，称它为不可能事件；有的结果可能发生，也可能不发生，称它为随机事件.

在 5.1.1 节例 2 中，可以列举出一些必然事件、不可能事件、随机事件. 例如，“至少抽到一件正品”是必然事件，“抽到 4 件次品”是不可能事件，“抽到 1 件次品 3 件正品”是随机事件. 而该试验有 $A=${抽到 4 件正品}，$B=${抽到 3 件正品 1 件次品}，$C=${抽到 2 件正品 2 件次品}，$D=${抽到 1 件正品 3 件次品}4 个基本事件，基本事件空间 $\Omega=\{A,B,C,D\}$.

★ 知识巩固

例 1　在掷一枚骰子的试验中，观察出现的点数.

解　设 A_i 表示“出现 i 点事件”($i=1,2,3,4,5,6$)，记作 $A_i=${出现 i 点}，即 $A_1=${出现 1 点}，$A_2=${出现 2 点}，$\cdots$，$A_6=${出现 6 点}；又设 $B=${出现奇数点}；$C=${出现偶数点}.

显然，$A_1,A_2,\cdots,A_6$ 都是基本事件，事件 B,C 都是复合事件. $A_1,A_2,\cdots,A_6,B,C$ 均为随机事件，只要 A_1,A_3,A_5 中的一个发生，事件 B 就发生，或称 $A_1\cup A_3\cup A_5$ 表示出现奇数点；只要 A_2,A_4,A_6 中的一个发生，事件 C 就发生，或称 $A_2\cup A_4\cup A_6$ 表示出现偶数点.

例 2　连续掷 3 枚硬币，观察落地后这 3 枚硬币出现正面还是反面.

(1) 写出这个试验的基本事件空间；

(2) 求出这个试验的基本事件的总数；

(3) “恰有两枚反面向上”这一事件包含哪几个基本事件？

解　(1) $\Omega=${(正，正，正)，(正，正，反)，(正，反，正)，(反，正，正)，(反，正，反)，(反，反，正)，(反，反，反)}；

(2) 基本事件的总数是 8；

(3) “恰有两枚反面向上”包含以下 3 个基本事件：(正，反，反)，(反，正，反)，(反，反，正).

提醒：我们可以把随机事件理解为基本事件空间的子集. 如例 1 中，$A\subseteq\Omega$，A 是 Ω 的一个子集；$A_1\subseteq A$，A_1 也是 A 的一个子集.

课堂练习 5.1.2

1. 连续从装有4个分别标有1,2,3,4数字的红球、1个白球的口袋中,有放回地任取两球(每次取一个).

(1) 列出该试验所有的基本事件(基本事件空间 Ω);

(2) 若设 $A=\{$两个都是红球$\}$,$B=\{$恰有一个白球$\}$,分别列出事件 A,B 所包含的基本事件.

2. 投掷一枚骰子,观察出现的点数,令 $A=\{1,3,5\}$,$B=\{2,3\}$,把 A,B 看成是数的集合,试用语言叙述下列表达式对应事件的意义.

(1) $A\cap B$;(2) $A\cup B$.

★ 新知识点

5.1.3 频率与概率

对于随机事件,在一次试验中是否发生是不确定的,但是它们在一次试验中发生的可能性是有大小之分的. 如何确定事件发生可能性的大小呢? 最容易想到的方法就是通过大量重复的试验来验证.

提醒: 在确定的条件下,重复进行 n 次试验,若事件 A 发生 m 次,则称 $\frac{m}{n}$ 为事件 A 发生的频率.

例如,我们做最简单的"抛掷硬币"的试验,将一枚硬币分别抛掷5次、50次、500次,各做5遍,得到的数据如表5-1所列.

表 5-1

试验序号	抛掷次数(5)		抛掷次数(50)		抛掷次数(500)	
	正面向上次数(m)	正面向上频率$\left(\frac{m}{n}\right)$	正面向上次数(m)	正面向上频率$\left(\frac{m}{n}\right)$	正面向上次数(m)	正面向上频率$\left(\frac{m}{n}\right)$
1	2	0.4	22	0.44	251	0.502
2	3	0.6	25	0.50	249	0.498
3	1	0.2	21	0.42	256	0.512
4	5	1	25	0.50	253	0.506
5	1	0.2	24	0.48	251	0.502

历史上不少著名学者还做过抛掷硬币试验,结果如表5-2所列.

表 5-2

试验者	抛掷次数(n)	正面向上次数(m)	正面向上频率$\left(\frac{m}{n}\right)$
德·莫根	2 048	1 061	0.518 1
蒲　丰	4 040	2 048	0.506 9
K·皮尔逊	12 000	6 019	0.501 6
K·皮尔逊	24 000	12 012	0.500 5

从表中可以看出，当掷硬币的次数(n)较少时，事件(正面朝上)的频率$\left(\frac{m}{n}\right)$波动的幅度较大. 但随着抛掷硬币的次数(n)增大，正面朝上的频率$\left(\frac{m}{n}\right)$呈现出稳定性，即当 n 逐渐增大时，频率$\left(\frac{m}{n}\right)$总是在 0.5 左右摆动而逐渐稳定在 0.5. 也就是说，0.5 这个数反映了“正面朝上”这个事件发生的可能性大小.

人们经过大量试验和实际经验的积累逐渐认识到：在多次重复试验中，同一事件发生的频率在某一个数值附近摆动，而且随着试验次数的增加，摆动幅度减小，而且观察到频率呈现出一定的稳定性. 频率的稳定性揭示出随机事件发生的可能性有一定大小.

一般地，在 n 次重复进行的试验中，当 n 充分大时，事件 A 发生的频率$\frac{m}{n}$总是在某个常数 P 随近摆动，随着 n 的增大，这种摆动幅度越来越小，这时就把这个常数 P 叫作事件 A 的概率，记作 $P(A)$，即 $P(A)=P$.

对于任意事件 A，都有

$$0 \leqslant P(A) \leqslant 1.$$

这是因为在 n 次试验中，事件 A 发生的频数 m 满足 $0 \leqslant m \leqslant n$，所以 $0 \leqslant \frac{m}{n} \leqslant 1$，当 A 是不可能事件时，$P(A)=0$；当 A 是必然事件时，$P(A)=1$.

从定义中得知，频率的稳定值就是该随机事件的概率，这样定义的概率称为统计概率，概率的统计定义也给我们提供了一个近似计算概率的方法.

★ 知识巩固

例 1　某彩票的中奖概率为$\frac{1}{1\ 000}$，是否意味着买 1 000 张彩票就一定能中奖？

解　此题形如：在投掷一枚均匀硬币的随机试验中，正面出现的概率是$\frac{1}{2}$，是否意味着投掷 2 次硬币就会出现一次正面呢？根据试验，投掷 2 次硬币有可能一次正面都不出现，即出现 2 次反面的情形，也有可能两次均出现正面. 但在大量重复投掷硬币的试验中，比如投掷 10 000 次硬币，出现正面的次数约为 5 000 次$\left(\text{也就是说，出现正面的概率约为}\frac{1}{2}\right)$.

同理，买 1 000 张彩票相当于做 1 000 次试验，结果可能是一次奖也没中，或者中一次奖，或者多次中奖. 因此“彩票中奖概率为$\frac{1}{1\ 000}$”并不意味着买 1 000 张彩票就一定能中奖.

课堂练习 5.1.3

1. 学生甲在求事件 A 的概率时，得事件 A 的概率 $P(A)=1.2$，学生乙看后说“一定算错了”，试问甲、乙两位学生的结论谁是正确的？

2. 某篮球运动员的投篮命中率是 90%，若理解为该运动员投篮 100 次一定有 90 次投中，10 次投不中，是否正确？

3. 某射击手在同一条件下进行射击，结果如表 5 - 3 所列.

(1) 计算表 5 - 3 中击中靶心的各个频率；

(2) 这个射击手射击一次,击中靶心的概率约是多少?

表 5-3

射击次数(n)	10	20	50	100	200	500
击中靶心次数(m)	8	19	44	92	178	455
击中靶心概率$\left(\frac{m}{n}\right)$						

习题 5.1

1. 判断题

(1) 必然事件是基本事件空间的某一真子集; ( )

(2) 概率是随机事件发生的可能性大小的一种度量. ( )

2. 同时掷出两枚骰子,观察掷得的总数和,写出这个试验的基本事件空间.

3. 气象台预报"本市明天降雨的概率是 70%",下列理解正确吗?

(1) 本市明天将有 70%的地区降雨;

(2) 本市明天将有 70%的时间降雨;

(3) 如果明天出行不带雨具肯定要淋雨;

(4) 明天出行不带雨具淋雨的可能性很大.

5.2 古典概型

★ 新知识点

5.2.1 古典概型的概念

通过大量的重复试验,用频率来估计事件的概率,虽然提供了近似计算事件概率的一般方法,但其烦琐又不经济,有时甚至是行不通的,而对于一些特殊的随机试验,概率可用较简单的方法求得.

例 1 掷一枚均匀的硬币,观察硬币哪一面朝上,这个试验的基本事件空间

$$\Omega=\{正,反\},$$

它只有两个基本事件. 由于硬币的质地是均匀的,因而直观上可以认为出现"正面向上"与"反面向上"的机会是均等的. 所以掷得"正面向上"和"反面向上"的可能性都是相同的.

例 2 掷一枚骰子,观察出现的点数. 这个试验的基本事件空间

$$\Omega=\{1,2,3,4,5,6\},$$

它有 6 个基本事件.

由于骰子的构造是均匀的,因而出现这 6 个结果的机会是均等的.

以上 2 个试验有两个共同的特征:

(1) 有限性 在一次试验中,可能出现的结果只有有限个,即只有有限个不同的基本事件;

(2) 等可靠性 每个基本事件发生的可能性是均等的. 我们称这样的试验为古典概型.

一般地，若某试验有 n 个基本事件，并且这些基本事件发生的可能性相同，而事件 A 由其中的 m 个事件组成，则事件 A 发生的概率是

$$P(A)=\frac{A\text{ 中包含的基本事件个数}}{\text{试验的基本事件总数}}=\frac{m}{n}.$$

★ 知识巩固

例 1　投掷一枚骰子，观察投掷出的点数，求投掷出偶数点的概率.

解　这个试验的基本事件空间为

$$\Omega=\{1,2,3,4,5,6\}.$$

基本事件总数 $n=6$，事件 A＝“掷得偶数点”$=\{2,4,6\}$，其包含的基本事件数 $m=3$，所以

$$P(A)=\frac{m}{n}=\frac{3}{6}=\frac{1}{2}.$$

例 2　盒中装有 3 个白球，2 个黑球，从中任取一个，问：取得黑球的概率是多少？

解　从盒中任取一个球，由于是任取，故 5 个球被取得的机会一样，即每一个基本事件发生的可能性相等，则该试验的基本事件总数 $n=5$.

设 $A=\{$取到的是黑球$\}$，则 A 包含的基本事件个数 $m=2$，于是由概率的古典定义有

$$P(A)=\frac{m}{n}=\frac{2}{5}.$$

例 3　从含有两件正品 a_1,a_2 和一件次品 b_1 的 3 件产品中任取 1 件，每次取出不放回，连续取两次，求取出的两件产品中恰有一件次品的概率.

解　每次取一个，然后不放回地连续取两次，其一切可能的结果组成的基本事件空间为

$$\Omega=\{(a_1,a_2),(a_1,b_1),(a_2,a_1),(a_2,b_1),(b_1,a_1),(b_2,a_2)\}.$$

其中小括号内左边的字母表示第 1 次取出的产品，右边的字母表示第 2 次取出的产品，Ω 由 6 个基本事件组成，而且可以认为这些基本事件的出现是等可能的. 用 A 表示“取出的两件中恰好有一件次品”这一事件，则

$$A=\{(a_1,b_1),(a_2,b_1),(b_1,a_1),(b_1,a_2)\}.$$

事件 A 由 4 个基本事件组成，因而

$$P(A)=\frac{4}{6}=\frac{2}{3}.$$

例 4　在例 3 中，把“每次取出后不放回”这一条件换成“每次取出后放回”其余不变. 求取出的两件中恰好有一件次品的概率.

解　有放回地连续取出两件. 该试验的基本事件空间

$$\Omega=\{(a_1,a_1),(a_1,a_2),(a_1,b_1),(a_2,a_1),(a_2,a_2),(a_2,b_1),(b_1,a_1),(b_1,a_2),(b_1,b_1)\}$$

由 9 个基本事件组成.

用 B 表示“恰有一件次品”这一事件，则

$$B=\{(a_1,b_1),(a_2,b_1),(b_1,a_1),(b_1,a_2)\},$$

事件 B 由 4 个基本事件组成，因而

$$P(B)=\frac{4}{9}.$$

课堂练习 5.2.1

甲、乙两人做出拳游戏（锤子、剪刀、布），求：

(1) 平局的概率；

(2) 甲赢的概率；

(3) 乙赢的概率.

习题 5.2.1

1. 从 1,2,3,4,5 这 5 个数字中,不放回地任取两数,求两数都是奇数的概率.

2. 同时抛掷 1 分和 2 分的两枚硬币,计算：

(1) 两枚均出现正面的概率；

(2) 一枚出现正面,一枚出现反面的概率.

3. 从含有 3 件正品和 1 件次品的 4 件产品不放回地任取两件,求取出的两件中恰有 1 件次品的概率.

4. 从 3 个一年级学生、4 个二年级学生、4 个三年级学生及 3 个四年级学生中任选 4 人组成一课外活动小组. 计算：

(1) 4 人中每个年级都有人参加的概率；

(2) 二、三年级各有 2 人参加的概率.

★ 新知识点

5.2.2 概率的加法公式

在进行随机试验时,我们发现一个随机试验可能有多种结果,其中有些比较简单,有些比较复杂,为了通过较简单的随机事件寻求较复杂的随机事件的性质和规律,需要研究一个特定的随机试验的各随机事件间的关系和运算.

例如,从一批含有正品、次品的产品中任取两件. 设有以下事件：

$A_1=${两件中至少有一件是次品}； $A_2=${两件中恰有一件是次品}；

$A_3=${两件全是次品}； $A_4=${两件全是正品}； $A_5=${两件中至多有一件是次品}.

这些事件间存在着多种关系,如:(1) A_1 发生,则 A_4 不会发生;(2) A_4 发生,则 A_1 不会不发生;(3) A_3 与 A_4 不会同时发生;(4) 当且仅当 A_2 与 A_3 至少有一个发生时,A_1 发生;(5) 当且仅当 A_2 与 A_4 至少有一个发生时,A_5 发生……

概率的加法公式是计算概率的一个最基本的公式,根据它可以计算一些较为复杂事件的概率.

★ 知识巩固

例 1 抛掷一枚骰子,观察掷出的点数. 设事件 A 为“出现偶数点”,B 为“出现 3 点”. 求“出现偶数点或 3 点”的概率.

分析:这里的事件 A 和事件 B 不可能同时发生. 我们将这种不可能同时发生的两个事件称作互斥事件(或称互不相容事件),记为

$$A\cap B=\varnothing.$$

设事件 C 为“出现偶数点或 3 点”事件,事件 C 与事件 A,B 的关系是:若事件 A 和事件 B 中至少有一个发生,则事件 C 发生;若事件 C 发生,则事件 A,B 中至少有一个发生或事件 A,B 都发生,我们将这种事件 A 与事件 B 至少发生一个所构成的事件,称为事件 A 与事件 B 的

并(或和),记为

$$A \cup B = C.$$

用维恩图表示如下:

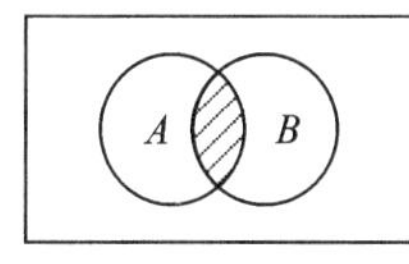

图 5 - 1

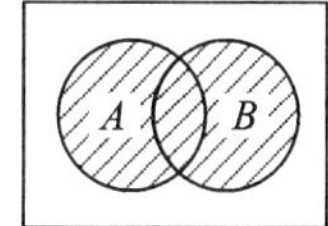

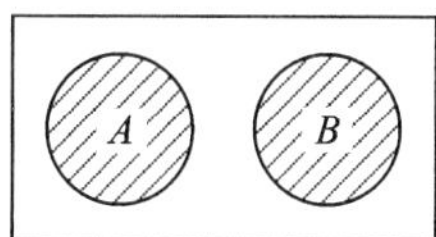

图 5 - 2

图 5 - 1 和图 5 - 2 的阴影部分表示的分别是 $A\cap B$ 和 $A\cup B$. ($A\cap B$ 表示的事件是由 A, B 中公共的基本事件构成的集合).

若设 A,B 是互斥事件,在 n 次试验中,事件 A 出现的频数是 n_1,事件 B 出现的频数是 n_2,则事件 $A\cup B$ 出现的频数正好是 n_1+n_2,所以事件 $A\cup B$ 的频率为 $\frac{n_1+n_2}{n}=\frac{n_1}{n}+\frac{n_2}{n}$,而 $\frac{n_1}{n}$ 是事件 A 出现的频率,$\frac{n_2}{n}$ 是事件 B 出现的频率.

由概率的统计定义,可知

$$P(A \cup B) = P(A) + P(B).$$

一般地,如果事件 $A_1,A_2,\cdots,A_n$ 两两互斥,那么事件"$A_1\cup A_2\cup\cdots\cup A_n$"发生(也指事件 $A_1,A_2,\cdots,A_n$ 中至少有一个发生)的概率,就等于 n 个事件分别发生的概率之和,即

$$P(A_1 \cup A_2 \cup \cdots \cup A_n) = P(A_1) + P(A_2) + \cdots + P(A_n).$$

此公式称作互斥事件的概率加法公式.

例 1 中事件 C:"出现偶数点或 3 点"的概率是事件 A:"出现偶数点"的概率是事件 B:"出现 3 点"的概率之和,而 $P(A)=\frac{1}{2}$,$P(B)=\frac{1}{6}$,则

$$P(C) = P(A \cup B) = P(A) + P(B) = \frac{1}{2} + \frac{1}{6} = \frac{2}{3}.$$

例 2　在数学考试中,小明的成绩在 90 分以上的概率是 0.18,在 80～89 分之间的概率是 0.53,在 70～79 分之间的概率是 0.17,在 60～69 分之间的概率是 0.08. 计算小明在数学考试中取得 80 分以上成绩的概率和小明考试及格的概率?

解　分别设小明的考试成绩在 90 分以上、80～89 分、70～79 分和 60～69 分为事件 B,C,D,E. 这 4 个事件彼此是互斥的,则小明的考试成绩在 80 分以上的概率是

$$P(B \cup C) = P(B) + P(C) = 0.18 + 0.53 = 0.71.$$

小明考试及格的概率是

$$\begin{aligned} P(B \cup C \cup D \cup E) &= P(B) + P(C) + P(D) + P(E) \\ &= 0.18 + 0.53 + 0.17 + 0.08 = 0.96. \end{aligned}$$

在这个例题中,令

$$A = \text{"小明考试及格"}, \quad \bar{A} = \text{"小明考试不及格"},$$

显然 A 与 $\bar{A}$ 是互斥事件,且 A 或 $\bar{A}$ 必有一个发生,即

$$A \cup \bar{A} = \Omega.$$

像这样不能同时发生且必有一个发生的两个事件称作对立事件. 事件 A 的对立事件记作 $\bar{A}$. 图 5－3 中的阴影部分基于事件 A 的对立事件.

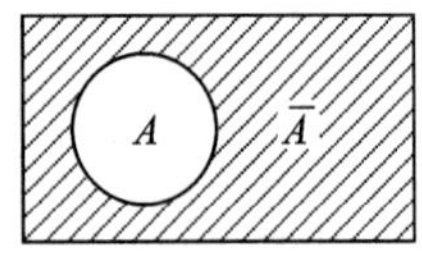

图 5－3

由于 A 与 $\bar{A}$ 是互斥事件,所以

$$P(\Omega)=P(A\cup\bar{A})=P(A)+P(\bar{A})=1,$$

即

$$P(\bar{A})=1-P(A).$$

这个公式为我们求出 $P(A)$提供了一种方法. 当我们直接求 $P(A)$有困难时,常可以转化为求 $P(\bar{A})$.

在例 2 中,如果求“小明考试不及格”的概率,则

$$P(\bar{A})=1-P(A)=1-0.96=0.04.$$

即小明考试不及格的概率为 0.04.

提醒:若事件 A 与事件 B 是相互对立的两个事件,则它们一定互不相容;反之不一定.

例 3 一批产品共 50 件,其中有 5 件是次品,从这批产品中任取 3 件,求其中有次品的概率.

解法 1 设A=｛取得的 3 件产品中有次品｝,

A_i=｛取得的 3 件产品中恰有 i 件次品｝($i=1,2,3$).

A_1,A_2,A_3 两两互不相容,并且 $A=A_1+A_2+A_3$,则

$$\begin{aligned}P(A)&=P(A_1)+P(A_2)+P(A_3)\\&=\frac{C_{45}^{2}\cdot C_{3}^{1}}{C_{50}^{3}}+\frac{C_{45}^{1}\cdot C_{3}^{2}}{C_{50}^{3}}+\frac{C_{45}^{0}\cdot C_{5}^{3}}{C_{30}^{3}}=0.276.\end{aligned}$$

解法 2 设A=｛取得的 3 件产品中有次品｝,

$\bar{A}$=｛取得的 3 件产品中无次品｝,则

$$P(A)=1-P(\bar{A})=1-\frac{C_{45}^{3}}{C_{50}^{3}}=0.276.$$

课堂练习 5.2.2

1. 互斥事件是不是对立事件? 对立事件一定是互斥事件吗?

2. 从一堆产品(其中正品与次品都多于 2 件)中任取 2 件,观察正品件数和次品件数,判断下列每对事件是不是互斥事件,如果是,再判断它们是不是对立事件.

(1) 恰好有 1 件次品和恰好有两件次品;

(2) 至少有 1 件次品和全是次品;

(3) 至少有 1 件次品和至少有 1 件正品;

(4) 至少有 1 件次品和全是正品.

习题 5.2.2

1. 在一次商店促销抽奖活动中，假设中一等奖的概率是 0.1，中二等奖的概率是 0.2，中三等奖的概率是 0.4，计算在这次抽奖活动中：

(1) 中奖的概率是多少？

(2) 不中奖的概率是多少？

2. 根据以往甲、乙两人下棋比赛中的记录，甲取胜的概率是 0.6，和棋的概率是 0.1，那么乙取胜的概率是多少？

3. 某班有学生 28 人，其中男生 17 人，女生 11 人，拟组织一个 5 人班委会，试求班委会中至少有一个女生的概率.

4. 某工厂生产的产品有一、二等品及次品，若一、二等品的概率分别为 0.63 和 0.35，求产品的合格率与次品率.

本章小结

知识结构

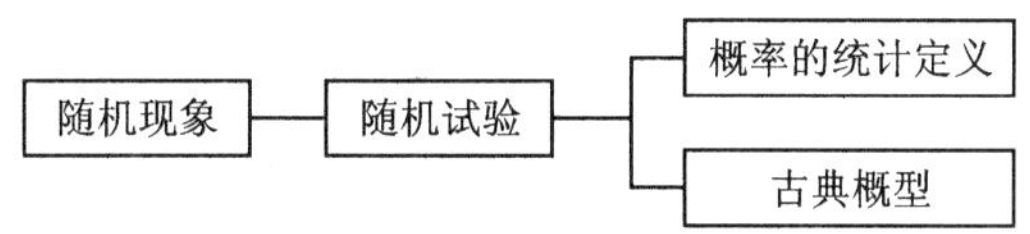

复习题 5

1. 掷一枚骰子得到 6 点的概率是$\frac{1}{6}$，是否意味着把它掷 6 次能得到一次 6 点？这是不是古典概型？古典概型有哪些特征？

2. 判断下列命题的真假：

(1) 必然事件的概率等于 1；

(2) 某事件的概率等于 1.1；

(3) 互斥事件一定是对立事件；

(4) 对立事件一定是互斥事件.

3. 填空：

(1) 掷一枚骰子，出现 1 点或 3 点的概率等于________.

(2) 掷两枚骰子，出现点数之和等于 7 的概率等于________.

(3) 掷三枚硬币，至少出现一个正面的概率等________.

(4) 抛掷一枚骰子，$A=\{$总数是奇数点$\}$，$B=\{$点数是偶数点$\}$，则 $A\cup B=$________，$A\cap B=$________，$\bar{B}=$________，$\bar{A}\cap B=$________.

(5) 已知 $P(A)=\frac{3}{5}$，则 $P(\bar{A})=$________.

(6) 从至少含有 5 件次品的 10 件产品中，任取 3 件，事件“所取 3 件都是正品”的对立事件为________,事件“所取 3 件至多有一件是正品”的对立事件为________.

4. 某台电话,打进的电话响第 1 声时,被接的概率是 0.2,响第 2 声时被接的概率是 0.3,响第 3 声时被接的概率是 0.3,那么电话在响前 3 声内被接的概率是多少?

5. 一个口袋装有形状大小都相同的 6 个小球,其中有 2 个白球、2 个红球和 2 个黄球,从中随机摸出 2 个球,试求:

(1) 2 只都是白球的概率;

(2) 2 只球颜色不同的概率.

6. 从 1,2,3,…,30 中任意选一个数,求下列事件的概率:

(1) 它是奇数;

(2) 它能被 2 整除;

(3) 它是偶数且能被 3 整除的数;

(4) 它是偶数或能被 3 整除的数.

7. 抛掷两枚骰子,计算:

(1) 事件“两枚骰子总数相同”的概率;

(2) 事件“总数之和小于 9”的概率;

(3) 事件“总数之和等于或大于 10”的概率.

趣味阅读

抽签有先有后,对各人公平吗?

在生活中,有时要用抽签来决定一件事情,那么先抽还是后抽,对每个人来说是公平的吗?例如在 5 张票中有 1 张奖票,5 个人按照排定的顺序各抽 1 张以决定谁获得其中的奖票,每个人抽到奖票的概率相等吗?

对第 1 个抽票者,他从 5 张票中任抽 1 张,得到奖票的概率 $P_1=\frac{1}{5}$;

对第 2 个抽票者,他得到奖票的概率 $P_2=\frac{A_4^1}{A_5^2}=\frac{1}{5}$;

对第 3 个抽票者,他得到奖票的概率 $P_3=\frac{A_4^2}{A_5^3}=\frac{1}{5}$;

对第 4 个抽票者,他得到奖票的概率 $P_4=\frac{A_4^3}{A_5^4}=\frac{1}{5}$;

对第 5 个抽票者,他得到奖票的概率 $P_5=\frac{A_4^4}{A_5^5}=\frac{1}{5}$.

一般地,若在 n 张票中有 1 张奖票,n 个人依次中各抽 1 张,且后抽人不知先抽人抽出的结果,那么第七个抽票者($t=1,2,3,\cdots,n$)抽到奖票的概率

$$P_t=\frac{A_{n-1}^{t-1}}{A_n^t}=\frac{1}{n}.$$

即每个抽票者抽到奖票的概率均是$\frac{1}{n}$,也就是说,抽到奖票的概率与抽票顺序无关,因此抽签顺序先后不影响其公平性.

参考答案

第 1 章　立体几何

课堂练习 1.1.1

1. (1) ×　(2) ×　(3) √　(4) ×　2. 6　3. 略
4. C　5. D　6. C　7. D

课堂练习 1.1.2

1. $\frac{3+\sqrt{3}}{4}a^2$　2. 5 cm　3. 288 cm^2　4. (1) D　(2) A　(3) A　(4) C

课堂练习 1.1.3

1. 9 cm　2. 4 cm　3. 25　4. 12π　5. $\frac{256}{3}\pi$　6. 7 cm　7. 10 cm,20 cm
8. $100\sqrt{2}$　9. $\frac{2+3\sqrt{3}}{2}a^2$

课堂练习 1.1.4

1. $\frac{\sqrt{2}}{2}$　2. $4\pi R^2$，$\frac{4}{3}\pi R^3$　3. a^3，abc　4. $V=Sh$，$\pi r^2 \cdot h$　5. $\frac{\sqrt{6}}{36}a^3$
6. 6　7. 6　8. $\frac{16}{3}\pi$　9. $6+2\sqrt{2}$　10. 14π　11. $\frac{\sqrt{3}}{3}\pi$　12. $\frac{20}{3}$

课堂练习 1.2.1

1. (1) 所有点　(2) 一条直线　(3) 有且只有一个平面,确定一个平面.　2.(略)
3. (1) 一定是,因为三点确定一个平面　(2) 不一定,三点不共线才确定一个平面
(3) 一定是　(4) 不能　(5) 3 个

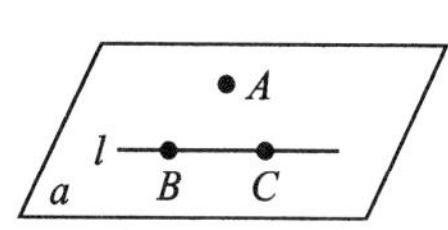

4. 证明　点 A 是直线 l 外一点,在 l 上任取 B,C 两点,根据公理 3,经过不共线的三点 A,B,C 确定一个平面 a,因为 B_1C 在平面 a 内,所以根据公理 1 直线 l 在平面 a 内,即平面 a 是经过直线 l 和点 A 的平面. 又因为 B,C 在 l 上,所以任何经过点 A 和 l 的平面一定经过点 A,B,C,再根据公理 3 经过不共线的三点 A,B,C 的平面只有一个. 即经过点 A 和直线 l 的平面只有一个平面.

课堂练习 1.2.2

1. 平行直线指在同一个平面内，没有公共点. 异面直线指不在同一个平面内，没有公共点.

2. 已知两条异面直线 a、b，经过空间任意一点 O 作直线 $a' \parallel a$，$b' \parallel b$，$a'b'$ 所形成的锐角. 若 $a'b'$ 所成直角，则称两条异面直线互相垂直.

3. 不一定　4. 不一定　5. 2 个　6. 不一定　7. 不一定，还可能异面

8. 三种、相交、平行、异面　9. (1) √　(2) ×　(3) √　(4) ×　(5) √

课堂练习 1.2.3

1. (1) ×　(2) ×　(3) ×　2. 7 cm　3. $3\sqrt{2}$ cm

4. 直角三角形有$\triangle PAB$，$\triangle PAD$，$\triangle PAC$，$\triangle BAD$，$\triangle ABC$，$\triangle ADC$，$\triangle BDC$.

课堂练习 1.2.4

1. 75°　2. 6 cm　3. $\dfrac{\sqrt{2}}{4}$

4. 证明：由于 PA 垂直于$\triangle ACB$ 所在平面 α，所以 $PA \perp AC$，$PA \perp BC$. 又由于 $BC \perp AC$，所以 $BC \perp \triangle PAC$ 所在平面，故 $BC \perp PC$. 同理可证 $AC \perp PC$. 即$\angle ACB$ 为平面 PAC 与平面 PBC 的二面角的平面角，而$\angle C = 90°$，所以$\triangle PBC$ 所在平面垂直于$\triangle PAC$ 所在的平面.

复习题 1

1. (1) C　(2) A　(3) D　(4) C　(5) D　(6) D　(7) B　(8) D　(9) C　(10) B　(11) B

2. (1) $l \perp m$　(2) $m \perp a$　(3) 异面直线　(4) $\dfrac{3\sqrt{7}}{7}$　(5) 100π　(6) $\dfrac{256\pi}{3}$　(7) 8

3. (1) ×　(2) ×　(3) ×　(4) ×　(5) ×　(6) ×　(7) √　(8) ×　(9) √　(10) ×　(11) ×　(12) √　(13) √

4. 证明(略).　5. (1) 90°　(2) 30°　6. 略

7. 证明　取 AB 中点 E，联结 CE，DE.

又由于 $AC = BC$，$AD = BD$，所以 $AB \perp EC$，$AB \perp DE$

因此 $AB \perp$ 平面 EDC.

故 $AB \perp DC$ 证毕.

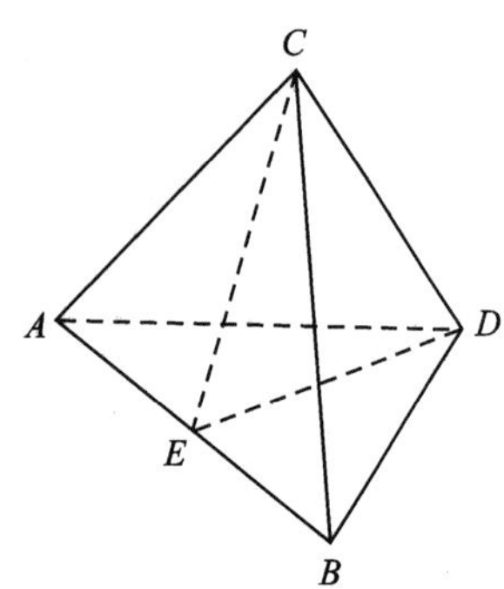

8. 证明　因为 PQ 是平面 α 与 β 的交线，所以 $PQ \subset \alpha$，$PQ \subset \beta$，由于 $OA \perp \alpha$，$OB \perp \beta$，所以 $PQ \perp OA$、$PQ \perp OB$ 即 $PQ \perp$ 平面 OAB，故 $PQ \perp AB$.

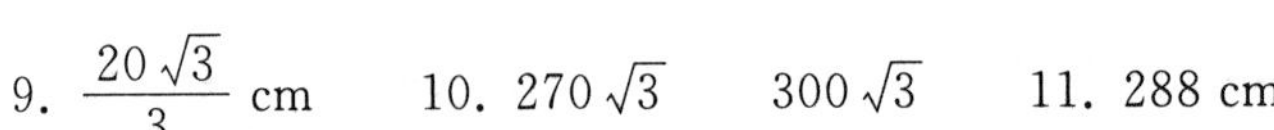
9. $\dfrac{20\sqrt{3}}{3}$ cm　10. $270\sqrt{3}$　$300\sqrt{3}$　11. 288 cm

12. $\sqrt{3}\pi a^2$　$\frac{\pi}{4}a^3$

13. $20\pi, 12\pi$　14. $\frac{8\pi}{5}\text{rad}, 20\pi$　15. $\pi Q+2S$　16. $5\sqrt{2}$　17. $32\pi, \frac{64}{3}\pi$

18. $l\sin\alpha, 2l\cos\alpha, 3l\cos\alpha$　19. $5\sqrt{2}$.

第 2 章　平面解析几何

课堂练习 2.1

1. (1) $|x_2-x_1|$　(2) $|y_2-y_1|$　(3) $\sqrt{x^2+y^2}$　(4) $\sqrt{(x_2-x_1)^2+(y_2-y_1)^2}$

2. (1) 3　(2) $\sqrt{13}$　3. (11,5)　4. (11,0)或(−5,0)　5. $\frac{\sqrt{65}}{2}$

6. −2 或 6　7. (0,4)　8. $\left(0,-\frac{1}{2}\right)$　9. 7　10. (2,−7)或(−3,−5)

11. $CD=\frac{\sqrt{89}}{2}$　12. (6,−8)

课堂练习 2.2.1

1. (1) $k=0$　(2) $k>0$　(3) 不存在　(4) $k<0$
2. (1)不在　(2) 在　(3) 在　(4) 不在
3. (1) $\sqrt{3}$　(2) 1　(3) $\frac{\sqrt{3}}{3}$　(4) 不存在　(5) $-\sqrt{3}$
4. $k=1, \alpha=45°$
5. 提示：利用 $k=\tan\alpha=\frac{y_2-y_1}{x_2-x_1}$证明
6. (1) $\sqrt{3}$　(2) $k=0$　(3) k 不存在　(4) $k=0$　(5) $k=\frac{3}{5}$

课堂练习 2.2.2

1. (1,2)在 l 上，(2,3)不在 l 上.
2. $2x-y+5=0$
3. $y-2=-\frac{3}{2}(x+3)$　$y=-\frac{3}{2}x-\frac{5}{2}$　$3x+2y+5=0$

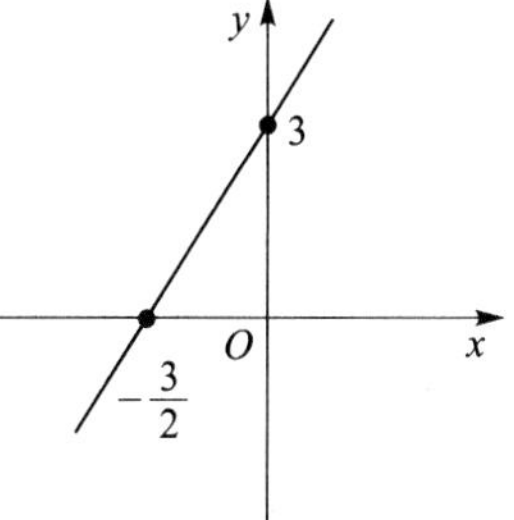

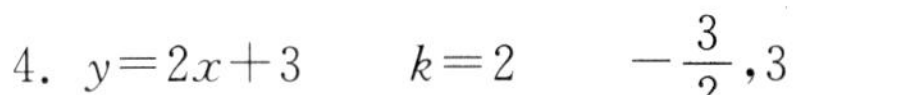

4. $y=2x+3$　$k=2$　$-\frac{3}{2}, 3$

5. (1) $x-2y+7=0$　(2) $x-y-3=0$　(3) $x=5$

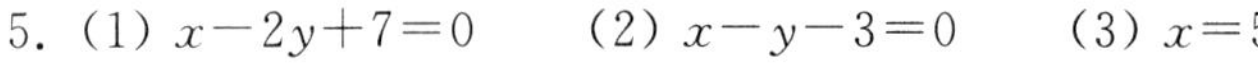

(4) $2x-y+6=0$　(5) $\sqrt{3}x-y-3\sqrt{3}=0$　(6) $7x-4y-28=0$

6. $x+2y-36+12\sqrt{5}=0$ 或 $x+2y+36-12\sqrt{5}=0$

课堂练习 2.2.3

1. (1) 90°　(2) 45°　2. $2x+y=0$

3. $14x-5y=0$　4. (1) $\frac{36}{7},\frac{4}{7}$　(2) $(2,3)$　5. $x-2y+8=0$

6. (1) $y=2$　(2) $3x+2y+10=0$　(3) $5x+5y+2=0$　(4) $x-y+3=0$

课堂练习 2.2.4

1. (1) 5　(2) $\frac{6\sqrt{5}}{5}$　2. $\frac{14\sqrt{53}}{53}$　3. $x+y\pm 3\sqrt{2}=0$

4. $\left(-5,-\frac{10}{3}\right)$或$\left(-\frac{15}{7},\frac{10}{7}\right)$

5. 斜边 $x+3y+9=0$ 或 $3x-y-13=0$,高 $3x-y+7$ 或 $x+3y-11=0$

6. $(0,9)$或$(0,-6)$

课堂练习 2.3.1

1. (1) $x^2+y^2=5^2$　(2) $(x-2)^2+(y-3)^2=5$　(3) $(x-8)^2+(y+3)^2=5^2$

2. $(x-1)^2+(y-3)^2=4$　3. $yy_0+xx_0=r^2$　4. $y=2x\pm 5$

5. $x+y-1=0$ 或 $x+y-9=0$　6. $(x-2)^2+(y-3)^2=9$

7. $(x-3)^2+(y+5)^2=6^2$　$p_1(4,-3)$在圆内　$p_2(3,1)$在圆上　$p_3(-3,-4)$在圆外

8. $x^2+(y-5)^2=34$

课堂练习 2.3.2

1. (1) $(2,-3),r=3$　(2) $(0,4),r=2$　2. $\left(-\frac{1}{2},\frac{1}{2}\right),r=\sqrt{3}$

3. A 在圆外,B 在圆内,C 在圆上　4. $x^2+y^2-2x=0$

课堂练习 2.3.3

1. (1) $(x-1)^2+(y-3)^2=4$　(2) $(x-2)^2+(y-1)^2=10$

2. $\left(\frac{-1-\sqrt{3}}{2},\frac{1-\sqrt{3}}{2}\right),\left(\frac{\sqrt{3}-1}{2},\frac{\sqrt{3}+1}{2}\right)$　相交

3. $y=3x\pm 2\sqrt{10}$　4. $(x-2)^2+(y-4)^2=5$ 或 $\left(x-\frac{4}{5}\right)^2+\left(y-\frac{8}{5}\right)^2=5$

5. $-2<b<2$ 相交,$b=\pm 2$ 相切,$b>2$ 或 $b<-2$ 相离

6. (1) $x^2+(y-5)^2=25$　(2) $\pm 5\sqrt{26}$　(3) $2\sqrt{37}$

课堂练习 2.3.4

1. 相离,相切,相交,内切,内含　2. (1) $m=-5$ 或 2　(2) $-2<m<-1$

3. 相切　4. $x^2+(y+3)^2=\frac{17}{2}$

课堂练习 2.4.1

1. $\frac{x^2}{25}+\frac{y^2}{9}=1$ 或 $\frac{y^2}{25}+\frac{x^2}{9}=1$　2. $\frac{x^2}{8}+\frac{y^2}{5}=1$　3. $\frac{x^2}{16}+\frac{y^2}{12}=1$

4. $\frac{x^2}{9}+y^2=1$ 或 $\frac{x^2}{9}+\frac{y^2}{81}=1$　5. $4\sqrt{3}$　6. $\frac{x^2}{25}+\frac{y^2}{16}=1$　7. $\frac{x^2}{15}+\frac{y^2}{5}=1$

8. (1) $\frac{x^2}{16}+y^2=1$　(2) $\frac{y^2}{13}+\frac{x^2}{10}=1$　(3) $\frac{x^2}{36}+\frac{y^2}{16}=1$ 或 $\frac{x^2}{16}+\frac{y^2}{36}=1$

(4) $\frac{y^2}{10}+\frac{x^2}{6}=1$

课堂练习 2.4.2

1. $\frac{x^2}{100}+\frac{y^2}{64}=1$ 或 $\frac{x^2}{64}+\frac{y^2}{100}=1$　2. $\frac{x^2}{16}+\frac{y^2}{7}=1$ 或 $\frac{x^2}{7}+\frac{y^2}{16}=1$

3. 长轴 10，短轴 8，焦点 $F_1(-3,0)$，$F_2(3,0)$，顶点坐标 $(-5,0)$，$(5,0)$，$(0,4)$，$(0,-4)$

4. (略)

5. (1) $\frac{x^2}{16}+\frac{y^2}{9}=1$　(2) $\frac{y^2}{9}+\frac{x^2}{4}=1$　(3) $\frac{x^2}{34}+\frac{y^2}{25}=1$ 或 $\frac{y^2}{25}+\frac{x^2}{16}=1$

(4) $\frac{x^2}{100}+\frac{y^2}{64}=1$

6. (1) $\frac{x^2}{16}-\frac{y^2}{4}=1$ 或 $\frac{y^2}{16}-\frac{x^2}{4}=1$　(2) $\frac{x^2}{25}-\frac{y^2}{39}=1$ 或 $\frac{y^2}{25}-\frac{x^2}{39}=1$

(3) $x^2-\frac{y^2}{3}=1$　(4) $\frac{y^2}{20}-\frac{x^2}{16}=1$

课堂练习 2.5.1

1. 9　2. $\sqrt{34}$　3. $k=-1$　4. $\frac{y^2}{4}-\frac{x^2}{9}=1$　5. $\frac{x^2}{12}-\frac{y^2}{8}=1$

课堂练习 2.5.2

1. $a=4,b=3$　$(0,-5)$，$(0,5)$　$e=\frac{5}{4}$　$y=\pm\frac{4}{3}x$

2. 22 或 2　3. $\frac{y^2}{25}-\frac{x^2}{4}=1$　4. $e=\frac{\sqrt{13}}{3}$

5. 1　$\frac{1}{2}$　$\left(0,\pm\frac{\sqrt{5}}{2}\right)$　$\frac{\sqrt{5}}{2}$　$y=\pm 2x$

6. (1) $\frac{x^2}{5}-\frac{y^2}{5}=1$　(2) $\frac{x^2}{8}-\frac{y^2}{8}=1$　(3) $\frac{y^2}{36}-\frac{x^2}{28}=1$　(4) $\frac{x^2}{16}-\frac{y^2}{9}=1$

课堂练习 2.6.1

1. $\left(\frac{9}{4},0\right)$，$x=-\frac{9}{4}$　2. $x^2=-2y$

3. (1) $y^2=-8x$ (2) $x^2=12y$ (3) $y^2=-12x$ (4) $x^2=-8y$

4. $\left(0,\frac{1}{8}\right)$, $y=-\frac{1}{8}$ 5. $y^2=4x$ 或 $x^2=-\sqrt{2}y$

6. (1) $\left(0,-\frac{3}{8}\right)$ (2) $\frac{1}{2}$ (3) $y^2=-4x$ 或 $x^2=\frac{1}{2}y$ (4) $y^2=-8x$

课堂练习 2.6.2

1. (0,0) (−1,0) x 轴 $x=1$

2. $x^2=-\frac{9}{4}y$

3. 12

4. $y^2=8x$

5. $y^2=-20x$ 或 $x^2=-\frac{5}{2}y$

6. $AB=8$

课堂练习 2.7.1

1. (−1,−1,1) 2. (−2,3,4) 3. $(\sqrt{3},\sqrt{3},\sqrt{3})$或$(-\sqrt{3},-\sqrt{3},-\sqrt{3})$

4. (1) $(x,0,0)$ $(0,y,0)$ $(0,0,z)$ (2) $(x,y,0)$ $(x,0,z)$ $(0,y,z)$

课堂练习 2.7.2

1. $A(0,0,0)$,$B(2,0,0)$,$C(2,2,0)$,$D(0,2,0)$
   $A'(0,0,2)$,$B'(2,0,2)$,$C'(2,2,2)$,$D'(0,2,2)$,$2\sqrt{3}$

2. yOz 平面,zOz 平面,xOy 平面 3. (1) $3\sqrt{2}$ (2) $\sqrt{70}$ (3) 5 4. $\frac{\sqrt{3}}{3}a$

5. 提示:设 $M(0,y,0)$,利用$|MA|=|MB|$推出 $y=-1$,$M(0,-1,0)$

复习题 2

1. (1) 原点,度量单位,正方向 (2) x,$p(x)$ (3) $|x_2-x_1|$,$\frac{x_1+x_2}{2}$

(4) $D(-4,-1)$ (5) $\sqrt{19}$ (6) $0°\leqslant\alpha<180°$ (7) $-\frac{17}{6}$

(8) $-\frac{5}{2}$,$y-6=-\frac{5}{2}(x-0)$,$y=-\frac{5}{2}x+6$ (9) $-\frac{2}{3}$,$\frac{3}{2}$ (10) −7,−1

(11) (−2,3),$\sqrt{13}$ (12) $1\pm2\sqrt{2}$ (13) $3x-2y+8=0$ (14) $y=x+1$

(15) $y=x$ (16) $\frac{9\sqrt{9}}{97}$ (17) +5 (18) $x+2y-7=0$ (19) $\frac{x}{-3}+\frac{y}{-2}=1$

(20) $3x-y+2=0$ (21) $\sqrt{34}$ (22) 3 个 (23) $r=2$ (24) $|AB|=2$

(25) 12

2. (1) D (2) A (3) C (4) D (5) D (6) B (7) B (8) C

(9) A　(10) B　(11) A　(12) D　(13) C　(14) A　(15) A　(16) C
(17) B　(18) A　(19) D　(20) C

3. (1) ×　(2) ×　(3) √　(4) √　(5) √　(6) √

4. $x+2y-2=0$ 或 $2x+y+2=0$

5. 证明(略)　提示：$k_{AB}=\frac{3+1}{3-1}=2$，$k_{BC}=\frac{5-3}{4-3}=2$，双 AB 和 BC 有公共点 B，所以 A，B，C 三点在同一条直线上

6. (1) $2x-3y=0$ 或 $x+y-5=0$　(2) $6x-y+3=0$

7. $\frac{x^2}{4}+\frac{y^2}{16}=1$　8. $\frac{x^2}{36}+\frac{y^2}{32}=1$ 或 $\frac{x^2}{32}+\frac{y^2}{36}=1$　9. $\frac{y^2}{4}-\frac{x^2}{9}=1$

10. $a=4$，$b=3$　$(0,-5)$，$(0,5)$　$y=\pm\frac{4}{3}x$

11. $(-2,0)$，$(0,0)$　$e=1$　$x=2$　12. $y^2=-8x$ 或 $x^2=-y$

13. $64(2-\sqrt{3})$　14. $\frac{x^2}{36}-\frac{y^2}{16}=1$　15. (1) $x+y-4=0$　(2) $(x-2)^2+y^2=2$

第 3 章　复　数

课堂练习 3.1.1

1. $2-\sqrt{2}$，π，0，i^2 是实数；$\frac{3}{5}i$，i，$3i-2$，$2-\sqrt{3}i$ 是虚数；$\frac{3}{5}i$，i 是纯虚数.

2. $|z|=\sqrt{13}$，$\bar{z}=2+3i$

课堂练习 3.1.2

略

习题 3.1

1. (1) $m=-1$ 或 6 时，z 是实数　(2) $m\neq-1$ 且 $m\neq6$ 时，z 是虚数
(3) $m=4$ 时，z 是纯虚数　(4) $m=-1$ 时，z 为 0

2. 略

3. (1) i　(2) 1

4. (1) $a>0$ 且 $b>0$　(2) $a<0$ 且 $b<0$　(3) $a<0$ 且 $b=0$　(4) $a=0$ 且 $b<0$

课堂练习 3.2.1

(1) $7+i$　(2) $3-3i$　(3) $-2i$　(4) -1

课堂练习 3.2.2

1. (1) $-6+4i$　(2) $-2i$

2. (1) $\frac{2}{5}+\frac{4}{5}i$　(2) $\frac{1}{5}-\frac{2}{5}i$

习题 3.2

1. (1) $3+2\mathrm{i}$　(2) $-1-\sqrt{3}+(\sqrt{3}-1)\mathrm{i}$　(3) $-\frac{1}{2}\mathrm{i}$

2. $z=2-3\mathrm{i}$

3. $k=-\frac{1}{2}$

4. $a=-1$.　$b=-5$

复习题 3

1. (1) C　(2) D　(3) D　(4) A　(5) B　(6) D
2. (1) $-\mathrm{i}$　(2) ±1　(3) $-3-\mathrm{i}$
3. (1) ① $x=-\frac{1}{3}$或$\frac{1}{2}$时为实数　② $x\neq-\frac{1}{3}$且$x\neq\frac{1}{2}$时为虚数

　③ $x=-3$ 时为纯虚数　④ $x=\frac{1}{2}$时为 0

　(2) ① 0　② $\frac{-5+194\mathrm{i}}{13}$

第 4 章　排列组合与二项式定理

课堂练习 4.1

(1) 10　(2) 10

习题 4.1

1. (1) 17　(2) 100　2. 4　3. 20

课堂练习 4.2

1. (1) 12　(2) 12　2. 15　3. 60

习题 4.2

1. (1) 8　(2) 5
2. (1) 120　(2) 48
3. (1) 720　(2) 1 440

课堂练习 4.3.1

1. (1) 15　(2) 35
2. 4

课堂练习 4.3.2

1. (1) 12　(2) 126
2. (1) 161 700　(2) 9 506　(3) 9 604

习题 4.3

1. (1) 120　(2) 200　(3) $\frac{1}{2}(n^3-n)$
2. (1) 28　(2) 56
3. (1) 60　(2) 21　(3) 91　(4) 120
4. 63

课堂练习 4.4

1. 第 4 项的二项式系数为 35,第 4 项的系数为 280
2. 第 3 项为 $T_{2+1}=2\ 160a^4b^2$

习题 4.4

1. (1) 第 3 项为 $720a^9b^4$
   (2) 中间项为 20
   (3) 常数项为$\frac{105}{2}$
2. 略
3. 2 015

复习题 4

1. (1) C　(2) D　(3) B　(4) D　(5) B　(6) C　(7) B
2. (1) 325　(2) 12　(3) 16　(4) -90
3. (1) $C_6^3 \cdot C_5^3 \cdot A_3^3$
   (2) $C_6^2 \cdot A_4^2$
   (3) $3^{2n+2}-8n-9=9(8+1)^n-8n-9$

第 5 章　概率初步

课堂练习 5.1.1

1. (1),(3),(5)三个是随机现象,(2),(4)两个是必然现象
2. 略

课堂练习 5.1.2

1. (1) $\Omega=\{$(红$_1$,红$_2$),(红$_1$,红$_3$),(红$_1$,红$_4$),(红$_2$,红$_3$),(红$_2$,红$_4$),(红$_3$,红$_4$),(红$_1$,

白),(红$_2$,白),(红$_3$,白),(红$_4$,白)}

(2) A={(红$_1$,红$_2$),(红$_1$,红$_3$),(红$_1$,红$_4$),(红$_2$,红$_3$),(红$_2$,红$_4$)(红$_3$,红$_4$)}

B={(红$_1$,白),(红$_2$,白),(红$_3$,白),(红$_4$,白)}

2. (1) $A\cap B=\{3\}$的意义是掷骰子出现点数 3 的基本事件

(2) $A\cup B=\{1,2,3,5\}$的意义是掷骰子出现点数 1,2,3,5 的复合事件.

课堂练习 5.1.3

1. 乙正确. 因为 $P(A)\leqslant 1$.
2. 不正确.
3. 略

习题 5.1

1. (1) √　　(2) √
2. 设 A_i 表示“出现 i 点事件”($i=2,3,4,5,6,7,8,9,10,11,12$)有 $\Omega=\bigcup\limits_{i=2}^{12}A_i$
3. (1),(2),(3)均错误,(4)正确.

课堂练习 5.2.1

(1) $\frac{1}{3}$　　(2) $\frac{1}{3}$　　(3) $\frac{1}{3}$

习题 5.2.1

1. $\frac{A_4^1A_3^1}{A_5^2}=\frac{4\times3}{5\times4}=\frac{3}{5}$
2. (1) $\frac{1}{4}$　　(2) $\frac{1}{2}$
3. $\frac{C_3^1}{C_4^2}=\frac{1}{2}$
4. (1) $\frac{C_3^1\cdot C_4^1\cdot C_4^1\cdot C_3^1}{C_{14}^4}=\frac{144}{1\,001}$　　(2) $\frac{C_4^2C_4^2}{C_{14}^4}=\frac{36}{1\,001}$

课堂练习 5.2.2

1. 互斥事件不一定是对立事件,但对立事件一定是互斥事件.
2. (1) 是互斥事件,但不是对立事件.

   (2) 不是互斥事件.

   (3) 不是互斥事件.

   (4) 是互斥事件,也是对立事件.

习题 5.2.2

1. (1) 0.7　　(2) 0.3

2. 0.3

3. $\dfrac{C_{28}^{5}-C_{17}^{5}}{C_{28}^{5}}=\dfrac{253}{270}$

4. 合格率 98%,次品率 2%

复习题 5

1. 意味着掷 6 次能有一次是 6 点,是古典概率,其特征为(1) 一次试验中可能的结果有限;(2) 每个基本事件发生可能性均等.

2. (1) 真　(2) 假　(3) 假　(4) 真

3. (1) $\dfrac{1}{3}$　(2) $\dfrac{1}{7}$　(3) $\dfrac{3}{4}$

(4) {点数是整数点},$\varnothing$,{点数是奇数点},{点数是偶数点}

(5) $\dfrac{2}{5}$

(6) “所取 3 件至少一件是次品”,“所取 3 件至少 2 件是正品”.

4. 0.8

5. (1) $\dfrac{1}{6}$　(2) $\dfrac{1}{2}$

6. (1) $\dfrac{1}{2}$　(2) $\dfrac{1}{2}$　(3) $\dfrac{1}{6}$　(4) $\dfrac{2}{3}$

7. (1) $\dfrac{2}{7}$　(2) $\dfrac{2}{3}$　(3) $\dfrac{4}{21}$

参考文献

[1] 杜吉佩，李广全. 高等数学[M]. 北京：高等教育出版社，2005.
[2] 柳金甫，王义东. 概率论与数理统计(经管类)[M]. 武汉：武汉大学出版社，2006.
[3] 人民教育出版社中学数学室. 数学：第三册(下 B)[M]. 北京：人民教育出版社，2007.
[4] 周孝康，刘秀红. 高等数学[M]. 北京：北京师范大学出版社，2007.
[5] 李广全，李尚志. 数学：基础模块(上册)[M]. 北京：高等教育出版社，2009.
[6] 孙成茎. 数学：理工农医类[M]. 16 版. 北京：高等教育出版社，2012.
[7] 李彪，刘毛生. 基础数学[M]. 北京：航空工业出版社，2015.